U0140303

一卷
自然

失落的三億年

史詩般的地質年代發現之旅

THE GREYWACKE

How a Priest, a Soldier and a School Teacher Uncovered 300 Million Years of History

by

Nick Davidson

尼克·戴維森
著

甘錫安
譯

目錄

前言

幾年前，有些親戚搬到威爾斯邊界，我開始開心地花費許多時日，漫步在長滿石楠和蕨類的柏文山丘（Berwyn Hills）高地。我喜歡從十九世紀湯瑪斯．泰爾福德（Thomas Telford）建造的幹線道路，現在的A 5公路上，看著下方的格林迪福威斯橋（Pont Glyn-diffwys）。在那裡，陸地陡然下沉數百英尺，遁入湍急的賽若河（River Ceirw），人類則聚集在狹小的車道和村莊裡。我腳步沉重地橫越泥炭沼地，蕨類轉成秋天的金色，松雞飛上天空，緊張地嘎嘎叫著。我順著潮濕的羊徑，爬上長著蕨類和苔蘚的河溝。

這樣的地景吸引了我的想像，我忍不住好奇這種景象是怎麼產生的。但我開始研究這個地區的過往發展時，有個地方格外吸引我的目光。在柏文山脈西側，地勢朝著微風吹皺的巴拉湖（Lake Bala）水面降低，湖邊是一個個垂掛著苔蘚的坑洞和採石場。很久以前，一塊塊暗灰色的石灰岩從這裡的土中挖出，用來建造附近的農場和附屬建築物。這個地點稱爲吉力格林（**Gelli-grin**），是古威爾斯語，意思是乾涸或枯萎的森林。這裡沒什麼東西可看。儘管如此，我知道它在人類探索地球歷史的努力中曾經扮演重要的角色。

十九世紀，礦業工程師和博物學家剛開始針對分布在英國大部分地區的石灰岩、白堊（**Chalk**）和黏土進行分類時，對威爾斯山區（以及不列顛島上大部分的山地）仍然一無所知。大眾普遍認爲這些地方很古老，可能是英國最古老的岩石區域，因此可能隱含破解許多重要問題的關鍵，包括地球的年齡和起源，以及生物何時及如何誕生，這些在維多利亞時代的英國，都是引起爭議的話題。但還有個惱人的問題：這種岩石的分布錯綜複雜，非常難以界定，地層很難清楚分辨，化石紀錄數量少又含糊不清，若想依照順序排列它們的年代，最後都徒勞無功。結果，一群差異極大的礦物，被塞進一個綜合類別，稱爲雜砂岩（**Greywacke**）。這個英文單字源自德文礦業術語**Grauwacke**，意思是「灰色泥土狀岩石」。十九世紀初期，這個「用來安置英國地質中一切古老或難解的事物」的權宜暫名類別[1]，成爲地質學的重大挑戰。

在這些難以界定的岩石中，似乎有一片一致而容易辨識的岩層。這個岩層是吉力格林中的石灰岩帶，可以提供關於雜砂岩意義的線索。但十九世紀幾位傑出的地質學家觀察到，模糊的石灰岩帶在威爾斯北部蜿蜒行進，像牙膏擠出的條紋一樣，試圖藉助它來破解所代表的意義時，地質學家們並沒有共識。

首先踏進這個領域的是亞當．塞吉維克牧師（**Adam Sedgwick**），這位優秀的劍橋大學教授，總是苦於健康不佳和憂鬱症發作。他擁有理解岩石的特殊天分，但又有不明原因的心理障礙，無法把自己的想法寫在紙上。不久之後，後來成爲爵士的羅德里克．莫奇森（**Roderick Murchison**）出現了。這位退伍士兵和極具雄心的社交名人，把地質田野工作當成軍事行動，藉助大量阿片酊（一種類似嗎啡的藥物）和當地紳士糊裡糊塗的支持，在溫洛克斷崖（**Wenlock Edge**）和威爾斯中部急行軍。對莫奇森而言，征服岩石的歷史就像征服非洲或印度一樣，代表大英帝國的榮光。

一八三〇年代，這幾位看似不相干的夥伴，成爲十九世紀最傑出的科學搭檔。他們一起在威爾斯辛苦地測繪大片雜砂岩，再沿這個地層向南走，經過塞文河口（**Severn Estuary**），前往德文和康瓦爾。在吉力格林，他們看到了一種岩石，但卻各自提出了完全不同的看法。看法的歧異起先細微，後來變得越來越激烈，導致嚴重的意見不合，起先成果十分豐碩的合作關係瓦解，彼此從朋友變成對立，水火不容，維多利亞時代的科學界就此分裂三十年之久。

和解的契機直到一八六〇年代才出現。一位蘇格蘭的年輕教師暨業餘地質學家查爾斯．拉普沃斯（Charles Lapworth）獨力研究古代岩石。他開始研究一種當時大家所知甚少的化石，稱爲筆石（graptolite），分布在蘇格蘭邊境山地。他細心檢視筆石，最後成功藉此將吉力格林的石灰岩加以詳細分類，進而解開了雜砂岩的謎團。

有一年夏天，我坐在吉力格林涼快的樹蔭下，下方遠處的河谷中，鏈鋸嗡嗡作響。我被這個有趣的故事和神祕的人物組合吸引，決定寫下他們如何踏查英國幾個地勢最崎嶇的地區。

我跟隨著塞吉維克的腳步爬上柏文山光禿禿的山坡，跟著他向西穿過空曠無垠的登拜沼地（Denbigh moors），進入史諾登尼亞（Snowdonia）。我跟隨莫奇森的腳步，沿著威河河谷（Wye Valley）行進，通過威爾斯邊界地帶（Welsh Marches），進入威爾斯中部和緩起伏的翠綠山地。我還向北走到拉普沃斯追尋筆石時爬過的蘇格蘭邊界，途中有時必須眞的手腳並用地「爬」。

我踏著他們的腳步前進時，發現自己走進了一個奇特而傑出的科學先鋒團體，這個團體幾乎完全是男性。我開始熟悉了集和藹、疑心病和虔誠於一身的清教徒塞吉維克，企圖心旺盛又熱愛英國及國王的莫奇森，以及耐心、謙遜、精神偶爾比較脆弱的拉普沃斯。我最感到驚奇的是，雖然他們有幾項珍貴的學術發現，但是以往完全沒有人寫過他們的故事。但這段友誼與競爭、成功與失敗、勇氣與雄心的冒險故事十分令人著迷。

我也發現自己醉心於岩石的神祕力量。岩石外貌平凡無奇，但歷史極爲悠久。十九世紀時，大多數觀察者受聖經版本的地球歷史與起源影響，認爲岩石的年齡大約只有五千年[2]，見識較豐富的地質學家猜測應該比這個數字高出數萬年。但現在我們知道吉力格林石灰岩的歷史大約是四億五千萬年，周圍某些砂岩還要再早一億年。在岩石世界裡，時間的單位不是年，甚至也不是百年，而是億年。我曾經在史諾登山的山坡上撿起一塊相當普通的石板，覺得很難理解手上這片石板的歷史超過四億年。這個東西看來毫不起眼，但歷史十分驚人。

此外，近一百年來，這些礦物記錄了許多事件，這些事件的重要程度令人難以相信。數百萬年來，現今威爾斯的陸塊位於現在的合恩角以南某個地方的沿岸陸棚，在南冰洋的邊界上。海底火山把熔岩噴到海床各處，有時被洋流的壓力和運動塑造成柔軟的枕頭狀，有時埋藏在泥巴層和沙層之間。有時噴發相當劇烈，可能衝出水面，把大片沙土和火山灰噴到空中，再化成雨水落回海中。在海床沉積物中形成更多火山灰層[3]。接著海洋靜默下來，地殼板塊移動，「威爾斯」朝北方的赤道移動，速度和指甲生長相仿。這片陸地最後沉到淺海海底，交替形成吉力格林這類富含鈣的石灰岩以及柏文山泥狀的砂岩。

這是不列顛群島大部分地區早年的歷史。塞吉維克、莫奇森和拉普沃斯或許會覺得這一連串事件很難相信。但他們分類地球早期岩石的決心，爲後來許多研究打下了基礎。

由於他們的努力，現在我們知道雜砂岩可以分成各種不同的岩石，包括崩落史諾登尼亞山坡的火山灰和熔岩碎片、由險峻壯觀的萊諾格山（**Rhinog Hills**）中滾到愛爾蘭海岸的灰色卵石狀砂岩、柏文山黏稠的泥沙和頁岩，以及布雷肯比肯斯（**Brecon Beacons**）雄偉的紅砂岩山峰。

　　這幾位地質學家進一步細分雜砂岩後，也把地球早期歷史分成四個時期，分別是寒武紀、奧陶紀、志留紀和泥盆紀。這四個時期總長約一億五千萬年，在這段期間，各個大陸形成後又反覆再形成，新物種出現、興盛、消失，地球以不可思議的方式不斷改變、塑形和演變，成爲我們現在看到的世界。

CHAPTER 1

古怪的塞吉維克教授

一八三一年潮濕夏季的七月底，自學的劍橋大學地質學家亞當．塞吉維克（Adam Sedgwick）爬上兩輪式簡便馬車，離開他在三一學院的房間，踏上前往威爾斯北部的漫長旅程。他對那個地區鮮少有人測繪的山地感到好奇已有好幾年，但他坐在馬車上，咯哩咔啦行經花草茂盛的夏日鄉間，經過一片片黃色的金雀花時，他開始擔心自己太晚出發，可能碰上壞天氣。就在前一年，他因爲碰上持續大雨而不得不放棄前往威爾斯山地。

在滿是車轍的路上顛簸了一天，馬車不時捲入漫天的沙塵。當天晚上，塞吉維克停留在密德蘭（Midlands）地區熱鬧的杜德里鎮（Dudley）[1]。在鎮中心附近的石灰岩採石場，採石工人無意間發現不列顛群島上數量最多的化石層。這片化石寶藏包含數百個海洋物種，其中許多從未在英國其他地方發現過。

從物種數量可以看出，這裡曾經是十分熱鬧的海底礁石[2]。這些獨特的化石中有一種大得出奇的三葉蟲，稱爲布氏隱頭蟲（*Calymene blumenbachii*），當地人叫它杜德里蟲（Dudley Bug）。它是已經滅絕的海洋生物，外觀很像昆蟲，早期在海中相當引人注目，所以被放在杜德里鎮的紋章上，直到一九七〇年代當地形象改變爲止。這類遺跡使杜德里成爲全國的化石交易中心。突然出現的「岩石商店」公開銷售三葉蟲、海百合、珊瑚和貝殼[3]。塞吉維克開心地花了一整天，爲劍橋大學的收藏添購了許多樣本[4]。

第二天早上，他向西穿過什羅普郡（**Shropshire**）平原，道路最後進入一片寬闊的山脈，在某個神奇時刻，威爾斯的山地和邊界地帶出現在地平線上，一道道山脈出現在視線範圍內：布雷頓山、柏文山脈、阿格尼雷斯，更遠的則是荒涼空曠的史諾登尼亞。

在什魯斯伯里（**Shrewsbury**），塞吉維克經過大街，兩邊都是堂皇建築，路面上的鵝卵石被熙來攘往的人車磨得十分光亮，來到北邊郊區一棟喬治式房屋。他遠從劍橋來這裡造訪一位名叫查爾斯·達爾文（**Charles Darwin**）的年輕人。達爾文二十二歲，是個有熱情但經驗尚淺的地質學家，正等著登上英國皇家海軍小獵犬號，前往南美洲探勘。

爲了準備這趟航行，達爾文提議協助塞吉維克前往威爾斯山區的行程[5]。達爾文的三個未婚姊妹格外崇拜塞吉維克，她們非常歡迎這位「有魅力又迷人」的客人[6]。但這兩位男士花了一天在什魯斯伯里周圍考察路塹和採石場之後，就直接前往威爾斯。時間有限，且塞吉維克又急著想到山裡，可能也因爲受到女性注意而感到緊張。

十九世紀初期，地質學是致力於考察、命名和整理自然事物的幾個新興領域之一。倫敦動物學會剛剛在倫敦開設動物園，擁有全世界最豐富的動物展示群。英國皇家園藝學會正準備在倫敦西郊建造邱園（Kew Gardens），用以研究及展示全世界規模最大的植物收藏。工業革命瘋狂尋找煤、鐵和石灰岩等各種礦物之後，新成立的倫敦地質學會已經開始鑑定和測繪英國各地的岩石，把它們分成簡單易懂的類別。

他們認爲地球誕生在「火的洗禮」中，過程中形成一連串堅硬耐久的岩石。它們誕生在高熱和劇烈改變的環境中，礦物因此變成晶體，肉眼通常很容易看見。不列顛島西部最末端可以看到這些花崗岩、玄武岩和片麻岩，古老山脈的中心部分似乎就是由這些岩石構成。它們理所當然地被稱爲第一紀岩石（Primary rock），是承載一切的基礎。

許久之後，古代海洋淹沒這片岩石，在上面留下一層層沉積物，形成白堊、石灰岩、砂岩和煤。這些岩石稱爲第二紀岩石（Secondary rock），形成清晰分明的地層帶，一層層覆蓋著英格蘭許多地區。

最後，最上層是諾福克、薩福克、艾塞克斯和泰晤士河口等地看到的沙子和礫石，這些東西還沒被壓縮成「真正的」岩石，是所謂的第三紀（Tertiary）地層[7]。

這個簡單的系統讓早期地質學家把地球岩石分成三大類，同時粗淺地了解這三類岩石的時間關係。當時當然沒有辦法知道它們的絕對年代，所以通常以地層表（stratigraphic column）說明。這種圖以表格方式列出岩石的相對年代，最古老的在最下方。

十九世紀初期，各種旅遊指南和入門手冊十分盛行，許多書發行多種版本，把這些新概念引介給求知若渴

基本類別	俗名（1830年）	對應的現代名稱
第三紀	第三紀泥、沙和礫石	第三紀和第四紀
第二紀	白堊紀白堊岩	白堊紀
	侏羅紀或鮞粒石灰岩	侏羅紀
	新紅砂岩	二疊-三疊紀
	石炭紀含煤地層	石炭紀
	老紅砂岩	泥盆紀
過渡岩	雜砂岩	志留紀
		奧陶紀
		寒武紀
第一紀	第一紀	前寒武紀

圖1.1　約1830年的簡化版地層表，列出在英國各地發現的各種岩石的相對位置。

的一般大眾。但這類書籍中簡單的三層分類法，有個核心問題，而且可能影響講述整個地球歷史時的連貫性。

這個問題是一大堆粗糙的灰色沙子和泥岩塊，有時夾雜著火山灰和薄薄的石灰岩，位於第一紀和第二紀地層之間。這片怪異的岩石和結晶狀的第一紀岩石完全不同，但似乎也沒有容易分辨的第二紀岩石特有地層帶。的確，許多地方完全沒有看得見的地層，有些地方則看來彷彿用大鎚子敲過，幾千條破裂線朝四面八方散出。

在歐洲大陸，斯堪地那維亞半島、德國萊茵蘭（**Rhineland**）和波希米亞的大部分地區的地表，根據一位評論家的形容，是這類「難以界定的沉積物堆」[8]。在波希米亞，它們的德語名稱是一個礦業術語：「**Grauwacke**」，意思是「灰色泥土狀岩石」。在英國的德文郡、康威爾郡、湖區和蘇格蘭某些地方也有這種岩石，德語名稱也被英語化，變成「**Greywacke**」，有時候最後一個 **e** 上方會被加上重音記號。它們有時也稱爲過渡岩（**Transition Rocks**），因爲它們在地層年代表上似乎位於第一紀岩石「過渡到」第二紀的地方。

對十九世紀的地質學家和礦業工程師而言，雜砂岩相當「堅硬、緊實又破碎，似乎任何分類方法都無法加以界定」。一位觀察者寫道：「雖然已經有檢驗方法為第二紀和第三紀沉積物訂出如此清楚明晰的順序，但如果有人提議用相同的方法來檢驗這種令人費解的古老過渡岩，或者叫雜砂岩，應該會被懂地質學的朋友笑話。」[9]另一位觀察者寫道，它們是「未知的領域、沒有道路的沙漠」，一個難以界定的類別，「英國地質古老或難解的一切事物都歸在這一類」。這個領域需要「極大的心力和投入，才能獲致重大成果」，因此使大多數研究者裹足不前[10]。

一八一五年，土地測量員威廉·史密斯（**William Smith**）發表史上第一份英國地質地圖。這份地圖十分詳細地呈現英國大多數地區清楚分成第二紀和第三紀的地層。東盎格利亞（**East Anglia**）的沙子和礫石、奇爾特恩丘陵（**Chiltern hills**）的白堊、密德蘭地區的黏土和砂岩、科茲沃斯（**Cotswolds**）的石灰岩丘陵，以及密德蘭和不列顛島北部各地的煤層等。但西邊進入威爾斯地區之後，清楚的分界消失，整個地區大致是一大團砂岩、火山熔岩、花崗岩和板岩。史密斯把這團混亂的岩石標示為「赤砂岩和變輝綠岩」（分布在大部分這個地區的砂岩、火山熔岩、花崗岩和板岩的統稱）和「基拉岩與板岩」。基拉岩

（**Killar**）是康瓦爾的礦業術語，意思是「碎裂和交疊的板岩」。

在這方面交待不清楚的，不只是史密斯。極具影響力的《英格蘭與威爾斯地質概要》（*Outlines of the Geology of England and Wales*）出版於一八二二年，書中詳細解說了第二紀和第三紀岩石，但對雜砂岩完全隻字未提[11]。英國西南部地質學家亨利·德·拉·貝什（**Henry De La Beche**）出版於一八三一年的《地質指南手冊》（*Geological Manual*）同樣相當風行。書中提到雜砂岩時這麼說：「在這些古老岩石出現的許多地區，特徵和地質都極度令人困惑。由此看來，它們在未來無疑仍然會是科學進展的絆腳石……想把混亂變成有序的努力都將徒勞無功。」[12]同年，維多利亞時代傑出地質理論家查爾斯·萊爾（**Charles Lyell**）發表極受好評的《地質學原理》（*Principles of Geology*）第一版。他在書中以三百頁篇幅介紹英格蘭東部的第三紀泥、砂和礫石，而雜砂岩則只有寥寥十二行[13]。

但化石紀錄指出，這些神祕的岩石或許含有年代最早的地球生物證據。對於非常好奇生物起源與年代，同時愈來愈懷疑聖經真實性的讀者而言，這點增加了雜砂岩的重要性[14]。如果它能像第二紀和第三紀岩石一樣加以詳細測繪和紀錄，地質學家或許就能釐清生命的奇蹟。雜砂岩正等待著高手來挑戰。

塞吉維克已經思索了好一段時間。他出生並成長於約克郡本寧山中的小村莊登特（**Dent**），常在荒涼空曠的山上和湍急的河流中漫步、打獵和捕魚，這裡的景觀和英國某些地區的雜砂岩山地非常相似。他很熟悉這樣的鄉村地區，而且近乎出於本能地感到好奇。幾年之前，他開始跟一位畢業於牛津大學的紳士地質學家威廉·科尼貝爾（**William Conybeare**）聯絡。科尼貝爾是倫敦地質學會的重要人物，也是暢銷書《英格蘭與威爾斯地質概要》的共同作者。科尼貝爾一直在計畫出版這本書的第二冊，探討第一紀和過渡岩，但第一冊出版後不久，另一位作者，倫敦的印刷和出版商威廉·菲利普（**William Phillips**）突然去世，因此科尼貝爾需要新的合作對象，塞吉維克同意參與。

他們開始合作，塞吉維克考察了湖區的雜砂岩，並且粗淺調查了德文和康瓦爾地區的岩石[15]。但當時完全沒有人著手深入分析它們的組成或地層。而威爾斯山區，英國十分重要的過渡岩分布區域，當時也幾乎沒有人探索。這就是塞吉維克前往威爾斯北部要做的事：破解地質學錯綜複雜的難解之謎，開創屬於他的專業領域。

從什魯斯伯里到威爾斯邊界的路程大約是六十五公里。一八三一年八月五日午前，塞吉維克和達爾文已經到達威爾斯迪河河谷（**Dee Valley**）中以開採板岩爲主的蘭戈倫村（**Llangollen**）。一條河流過這個村莊，形成一連串急流和漩渦，一座古老的石橋跨越這條河。村莊高處有個十三世紀的遺跡，這是一座邊界城堡，叫做迪納斯布蘭堡（**Castell Dinas Bran**）。石灰岩構成的埃格路易塞格懸崖（**Eglwyseg escarpment**）矗立在後方，高達數百公尺，朝北延伸數公里形成連綿不絕的峭壁，像是史前時代的萬里長城。

塞吉維克帶著十年前剛完成的最新英國地質圖，繪製者是曾經擔任倫敦地質學會會長的喬治．格林諾（**George Greenough**）。這份地圖製作時受到英國各地地質學家的協助，被視爲當時最完整也最準確的英國岩石分布圖。這份地圖指出，埃格路易塞格懸崖由石炭紀時期的石灰岩構成，位於老紅砂岩（**Old Red Sand Stone**）上方，老紅砂岩下方則是雜砂岩。當他們的馬車喀拉喀拉地進入鎮上時，塞吉維克和達爾文都覺得這裡是開始測繪過渡地層的理想地點。他們將記錄第二紀岩石在哪個地點被雜砂岩取代後再向西通過威爾斯，追溯地質年代，列出逐漸改變的地層，最後到達愛爾蘭海沿岸更古老的第一紀岩石。的確，只要從蘭戈倫到安格爾西島（**Anglesey**）走一趟，就能描繪整個雜砂岩的歷史。

當天下午，他們兩人踩著鬆散的石塊和頁岩，辛苦地爬上陡峭的之字形小路，到達迪納斯布蘭堡，再跌跌撞撞地走下頁岩和碎石坡，到達埃格路易塞格懸崖底下。塞吉維克帶著各種地質學專用的鎚子，有些鎚子有著很長的木製把手和沉重的金屬鎚頭。他有時候必須停下來，敲掉已經風化的岩石表面，用放大鏡檢視新露出來的表面。要確實分辨許多種類的岩石，這是唯一的方法。他或許也會在敲掉的表面上滴過稀釋的鹽酸。如果岩石含有碳酸鈣，一滴下去就會產生大量氣泡，可以迅速分辨出石灰岩[16]。

他們兩人一邊往上爬，一邊採集常見的石炭紀化石樣本，小心地放進皮製樣本袋，包括看來像貽貝（**Musell**）的腕足動物（**Brachiopod**）和幾種圓管形的枝狀珊瑚。腕足動物外觀很像油燈，所以又叫做燈貝（**Lamp shell**）。達爾文對地質學很不熟悉，但據說塞吉維克的鼓勵使他「非常自豪」，他們合作得十分愉快[17]。不過搜尋幾個小時後，塞吉維克很清楚他們碰到了問題：無論怎麼找，這一帶都完全沒有老紅砂岩的跡象。石炭紀的石灰岩層底下就是雜砂岩。一位維多利亞時代的作家解釋，這樣的地質紀錄「不能算是完美，就像歷史記述中有幾個重要章節被撕掉一樣」[18]。如果沒有明確的起點，塞吉維克該怎麼測繪雜砂岩？雜砂岩的上邊界將會缺少幾個我們沒看到的章節？

第二天，他們兩人爬出迪河河谷，走上蘭戈倫到洛辛（Ruthin）的大路，沿著埃格路易塞格懸崖的邊線朝北走向海岸。格林諾的地質圖再次清楚指出老紅砂岩就位於石灰岩下方，但還是不對。他們沿著克魯伊德河谷前進，馬車輾過沙土和泥巴，穿過白粉牆小屋聚集的小村，耳中充滿狗、鵝和打赤腳的小孩發出的聲音。他們偶爾分別走不同的路線，希望恰巧碰到難以捉摸的「老紅」。在他們的東邊，石炭紀石灰岩構成的埃格路易塞格懸崖橫過眼前，一路延伸到海岸，在古代銅礦開採中心大奧爾姆（Great Orme）以一連串壯觀的懸崖陡然下落數百英尺，最後進入海中。塞吉維克在仍有城牆但相當貧窮，建於十四世紀的古鎮康威（Conwy）休息時說：「分層相當模糊不清。」他後來觀察：「奧爾姆岬角周圍有很多老紅砂岩的說法，純屬虛構，至少我完全看不到。從登比（Denbigh）到安格爾西島之間一點也沒有。」[19]

顯然，其中缺失了一段重要的地質紀錄——現在我們知道這段紀錄涵括好幾千萬年的地球歷史。威爾斯北部的岩石漂浮在著名的「時間眞空」中[20]。維多利亞時代地質學家阿奇伯爾德·蓋奇（Archibald Geikie）幾年後在作品中提到：「無論投入多少力氣、技能，都不可能得知過渡岩和上方年代較近的地層，兩者歷史的關係，因爲這段期間的地質紀錄有一大段空白。」[21]

這個令人困惑的狀況使塞吉維克感到灰心，因此決定嘗試其他方法：朝西走。如果他沒辦法從第二紀岩石向下尋找雜砂岩，或許可以從安格爾西島的第一紀岩層沿著威爾斯西北部海岸向上尋找。同樣地，這個做法從地圖上看起來很單純。結晶狀的第一紀岩石色彩繽紛，晶體受到陽光照射時，與雜砂岩中深褐色的粗砂和粉砂形成對比，比較容易看出第一紀和雜砂岩層之間的界線。塞吉維克的搜尋行動，將從蘭戈倫的石灰岩山地和懸崖、克魯伊德谷和大奧爾姆，轉往史諾登尼亞的「古代板岩和斑岩（porphyrite）」[22]。「玢岩」（porphyry）是維多利亞時代對結晶岩或火成岩的稱呼。

他們順著陡峭的石子小路，沿康威山谷向南走。向上通過林線後，走進周圍山上長滿蕨類的山坡。這段路很不好走，塞吉維克說他的四肢「簡直要脫臼了」[23]。路太難走時，他們棄馬車改成騎馬或步行。小路變成棕色的泥煤塘，閃著微光的沁涼水面映照天空時，他們踉蹌地在岩石露頭間行進，繞過田地[24]。在班戈上方的山坡，梅奈海峽（Menai Strait）漂浮在遠方，他們發現一團深色的砂岩，裡面夾著一塊塊結晶狀的長石和石英，但這幾種岩石之間還是沒有明顯的界線。

他們從班戈向南走到貝塞斯達（Bethesda）的灰板岩採石場，場內是一代代採石工所留下凌亂而接近崩塌的廢土堆。幾天之後，他們取道泰爾福德（Telford）剛啟用的吊橋前往安格爾西島。這座吊橋高懸在梅奈海峽變幻莫測的水面上空三十公尺，號稱「英國有史以來最壯觀的工程壯舉」[25]。在沿岸的水灣和島上平坦內陸地區剛開採的採石場和路塹上，他們發現明顯的片麻岩和片岩露頭。在這裡，高溫和高壓把礦物化成色彩繽紛的條帶：淺灰色的石英和長石和深色的雲母條帶形成對比。這是公認最典型的第一紀岩石，代表它在班戈和安格爾西島之間的某個地方和雜砂岩交錯而出。

回到不列顛本島之後，他們兩人不確定該把界線畫在哪裡，所以分開行動。達爾文回到什魯斯伯里，在這裡收到了那封著名的信，確認可以登上小獵犬號，這趟科學考察將改變他的一生。後來他表示，這趟威爾斯之行奠定了他對「地質學這門高尚科學」的興趣[26]。另一方面，塞吉維克則踏上另一次比較平淡的旅程，前往威爾斯北部四個星期，「敲打卡納芬郡的岩石」[27]。

在十九世紀早期英國地質學的小天地裡，塞吉維克已經是重要人物。確實，當時全英國只有三位地質學家有薪水，他是其中之一[28]。在義大利、德國和法國，這門新的岩石科學是基礎深厚的學科，但在英國，地質學雖然培養出許多礦業工程師和土地測量師，卻只有三所大學講授地質學這個科目。而且也只是學生想進一步了解自然界時的「額外選修」。一位觀察家曾經尖酸地說，地質學是「年輕學生準備踏入專業工作前，施加一點文化肥料」[29]。

地質學的地位也反映了它的邊緣處境。它沒有傳統或聲望的包袱，因此對於沒有強大背景的傑出年輕人來說，進入這個領域的機會是開放的。塞吉維克來自約克郡的本寧山，父親是英國聖公會牧師。他取得獎學金到劍橋攻讀數學，勤奮地一步步成為教師。這個職位把他的時間都消磨在他沒有興趣的大學部學生身上，他恨透了[30]。院士（Fellowship）這個職稱，也使他必須成為英格蘭教會的任命牧師，當時英格蘭教會深入大學生活的各個層面。最後，塞吉維克在劍橋南邊平地小鎮夏迪坎普斯（Shudy Camps）擔任助理牧師，負責主持週末禮拜式。這個工作讓他沒什麼閒暇發展自己的地質理論。他曾經抱怨：「這種狀況下連一步都前進不了。」[31]

不過到了一八一八年，好運降臨到他身上。伍德沃德地質學講座教授的位子出缺。這個職位實際上沒有名稱那麼了不起。一百年前，古怪的劍橋大學自然學家約翰·伍德沃德（John Woodward）遺贈給劍橋大學全歐洲最重要的化石收藏以及價值年租一百五十英鎊的土地，用來在鮮爲人知的化石領域設立教授職位，現在這個領域稱爲古生物學（Palaeontology）。這筆遺贈讓劍橋大學行政單位傷透腦筋。他們應該將這個領域視爲全新的科學研究領域呢，還是一般通識之下的小主題？最後他們決定選擇後者，把選定教授人選的任務交付給一個小組。這個小組的成員包括坎特伯雷總主教、伊利（Ely）主教和一位當地議會成員，聽起來就很奇怪。在沒有明確的學術規範下，這些知名人士決定依據他們所謂的「功績、榮譽」指定人選。一百年後，狀況仍然沒有改變，功績、榮譽的重要性依然高於專業。塞吉維克後來回想他獲得任命時說：「當時我有一個競爭對手，但他卻完全沒有機會勝出，雖然他的地質學程度比我好得多。」[32]

這個職位的薪水是每年一百英鎊（相當於現在的六千英鎊，約折合新臺幣二十四萬），因此受聘者需要有其他業外收入來補足生活所需。塞吉維克回到他在夏迪坎普斯的職位，薪水是每年五十英鎊。但伍德沃斯講座教授的雇用條件相當苛刻：在職者不能結婚，「因爲照料妻子和小孩將使教師投入太多心力，難以專心研究」[33]。至少有一位前任教授因爲這個規定而辭職，其他人則對私人生活完全保密[34]。儘管如此，就一個重要程度越來越高的領域中少數有薪水的職位而言，這是個不錯的機會。塞吉維克在給朋友的信中說：「如果我成功了，應該會有動機積極努力提升學問，我想成爲快樂又優秀的學會成員。」[35]

這個職位的工作十分輕鬆，不需要負擔教學、研究或行政工作[36]，只要管理和擴充劍橋大學約一萬件化石收藏品，以及每年以岩石、化石爲主題「爲有興趣的大衆與相關研究者」發表四次演講[37]。在劍橋，這個職位是公認的涼缺，塞吉維克就這麼做了下去。在被他視爲「單調乏味」的多年之後，他終於有了目標。

他加入倫敦地質學會，與英國各地的業餘「紳士地質學家」熱烈地互通訊息，並且試著開始探索英國的岩石。他講話自然又具魅力，他的課程完全自由參加，對學生而言，雖然對考試分數沒有實際價值，但出席率相當不錯。一位學生回憶：「他的課十分幽默，還會講很多相關趣聞，他的科學課程比大多數優秀演講者有趣得多。他能夠把枯燥的科學事實如照相般刻印在記憶中，同時與某些詼諧有趣、富想像力、或者軟性的事物連結在一起，讓它從此加上了一層人文意義。」[38] 塞吉維克後來告訴他的學生：「我沒辦法保證能教會你們每個人地質學，只能激發你們的想像力。」[39]

一八二〇年代晚期，塞吉維克在英國地質學的小圈圈中，已成為頗受敬重的人物。一八二九年，他當選倫敦地質學會會長，可說是這個領域中最重要的職位。有一張他這個時期的畫像，畫中是一位意志堅定、活力充沛的年輕人，眉毛寬、鼻子很挺，一頭捲曲的深色頭髮。當時某個人寫他的體格：「瘦削、像運動員，很能承受疲勞。膚色深，這是繼承自母親的特徵。臉上永遠有深深的皺紋。」[40] 在劍橋彬彬有禮的世界裡，塞吉維克很開心地展現出約克郡人善於虛張聲勢、有話直說的個性。他寫信給朋友時提到：「如果你今天早上八點鐘看到我走進教務會議，一定會笑出來。我穿戴著帽子、領巾、罩袍和長袍……到此為止都是正常的。只是，我在絲質襯裙下穿著一雙龐大的雨鞋，脖子上還圍著羊毛荷葉領。」[41] 他曾經和兩個朋友一起站在鏡子前說：「我宣布，現在站在這塊地毯上的，是全英國最醜的三個男人。」[42] 但他後來說明：「大自然塑造我時用了很大的模子，把我的外貌做得異常粗獷。」[43]

圖1.2 三十多歲時在劍橋的塞吉維克，時間約為一八二〇年。

他沉迷於地質學給予他的「特權」，讓他得以離開十九世紀劍橋這個矯揉造作的世界一段時間，在空曠的山中跋涉。一位同事寫道：「地質學帶他前往各種各樣的偏僻角落……山中奔騰的溪流、樹蔭遮蔽的深谷谷底、千百年來霜雪和雨水在孤寂的山坡上劃下的溝渠。」在工作過程中，這位地質學家必須「來回走過一般遊客從來不經過的土地，但這些迂迴的路程經常能帶來意外收穫。」[44] 後來塞吉維克體會到地質學是「嚴格的監督者，但讓我獲得健康和快樂」。有一位同事回憶道，塞吉維克「用鐵鎚撫觸大地之母——把他所有的恐懼和不祥的預感都敲到地下的黑暗中」。[45]

那年夏天，塞吉維克分給達爾文一些田野工作（達爾文後來未完成）。[46]塞吉維克自己則繼續前往史諾登，沿格萊德斯（Glyders）外圍險峻而彎曲的小路行進。這趟路程讓愛冒險的遊客「相當驚恐，因爲這趟路程公認極度危險」。[47]他在奧格溫湖（Llyn Ogwen）暫停，描畫科米德沃爾（Cwm Idwal）岩石的截面。在這裡，地層在史諾登山下方形成容易看見的碗狀，稱爲向斜（syncline）。接著他朝南走向麗茵半島（Llyn Peninsula）的砂質海灘，看到更多片麻岩和片岩露頭。他爬上貝德格勒特（Beddgelert）小鎮上方莫爾赫伯格山（Moel Hebog）陡峭的山坡，現在遊客經常坐在這裡的小酒館俯瞰河流。他從這裡繼續朝西走向萊諾格山荒涼的高地，以及高地上鐵鏽色的砂岩台地。[48]

塞吉維克這時已經改良了工作流程，用以測繪和紀錄模糊不清的岩石結構，這個辦法是他在自己的故鄉本寧山中面對難以處理的不規律地層時想出的。他會先找出能綜觀周圍鄉村的制高點，通常會停下來畫出全貌，再找個有岩石露出的區域，在這裡辨認地層線，可能是懸崖、小灣或河岸。他可以藉此辨識岩石種類，以及地層的角度和方向：地層是傾斜還是水平，是朝北、朝南、朝東還是朝西。最後他會試著找出某個露頭和另一個露頭的關係，藉此了解更全面的狀況。舉例來說，如果甲露頭的地層大致呈水平南北走向，幾十公里外，乙露頭的類似岩石也呈現大致相同的走向，則這兩個露頭的水平方向很可能相連。同理，如果地層在甲地點平穩升高，但在乙地點平穩降低，則兩者之間很可能有地層的高峰或背斜（**anticline**）。如此一來，他就可以畫出一連串「橫斷面」（**traverse section**），以圖畫呈現綿延數公里的山坡的岩石結構。

但一八三一年的夏天慢慢過去，威爾斯北部岩石看來遠比塞吉維克預期的更加複雜難解。他經常碰到顯然相當混亂的板岩、玢岩和雜砂岩，地層線出現或消失在斷層和霜雪造成的裂縫中，有時垂直穿入地下，有時完全消失在碎石或板岩層中。他從一個露頭移動到另一個露頭時，經常無從得知要觀察的地層是否和他一小時前在對面山上看到的地層相同。這代表雜砂岩和第一紀岩石之間的界線，應該可以從結晶岩變成砂岩和粗砂看出，但遠不及他想像的明顯。火山灰和岩漿露頭在意想不到的地方穿出雜砂岩，使狀況更加混亂。塞吉維克告訴朋友，測繪岩石就像「把自己放到磨刀石上磨」。[49]

九月，他到達史諾登尼亞南部山地的卡代爾伊德里斯山（Cadair Idris），當地嚮導每趟行程收費五先令，而且很喜歡強調自己入山的危險性。有個常聽到的故事，提到有位史密斯先生九月的某一天失蹤，隔年五月才在懸崖下找到，遺體已經被狐狸和渡鴉撕碎。故事裡說：「他的眼睛不見了，牙齒因爲墜落而噴出，散落在山上。……頭部彎折到身體下方，陷進胸部裡。只有扣住的外套底下的皮肉留在骨頭上。」[50]。塞吉維克雖然爬山時沒有遭遇危險，但長期不斷在外旅行已開始影響他的身體狀況。

他必須沿著大雨後變成泥濘水塘和沼澤地的「爛路」前進。塞吉維克有一次提到「所有東西都浸泡在水汽裡，雨大如傾盆」[51]。他不得不躲在「農舍外的小屋，超級悲慘」，耽誤掉許多天無法工作[52]。他開始抱怨風濕痛，以及因白天太疲勞導致晚上發燒。一位地質學家同儕如此說：「願上帝憐憫一個滿腦想著追尋石頭的傻蛋。」[53] 送往劍橋的報告中，開始提到塞吉維克「開口閉口都是威爾斯地區的玢岩和雜砂岩」，而且開始抱怨「山裡的老精靈激烈反抗接受地質學研究」[54]。

到了一八三二年九月，大學的秋季學期即將開始，他終於放棄了。他踏遍了大片土地，記下許多筆記。他相信他能大致分辨出安格爾西島和麗茵半島古老的第一紀岩石轉換

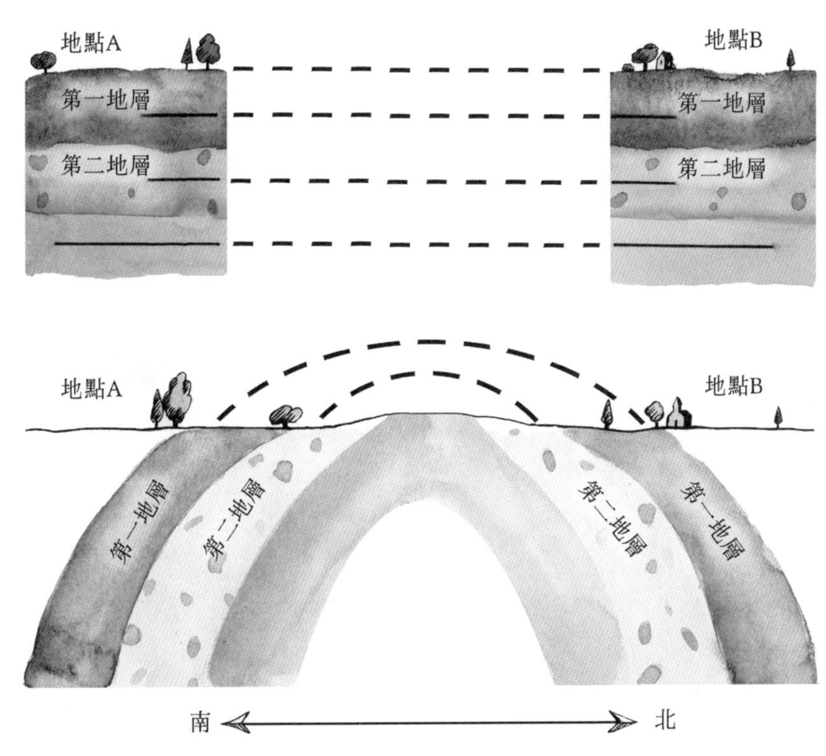

圖1.3　橫斷面透過地層在不同地點的深度和走向說明岩石的基本結構。

為年代較近的史諾登尼亞雜砂岩的基線[55]。他還畫出幾十幅這個地區岩石的理想化截面圖，這些圖指出，依據可見地層的普遍走向，這個地區由一連串南北走向的褶皺或變形構成。萊格諾山區的砂與和粉砂岩似乎被推上來，形成塞吉維克所謂的「梅里昂斯郡背斜」（Merionethshire Anticline）或哈萊克丘（Harlech Dome），史諾登尼亞的岩石則在科米德沃爾等地點向下摺曲，形成地槽或向斜。後來這裡被稱爲中威爾斯向斜（Central Wales Syncline）。塞吉維克猜測，這些褶皺可能朝東和朝西不斷重複。

這個成果相當了不起。我曾經看著史諾登山麓小丘的懸崖，納悶著他究竟是怎麼辦到的。懸崖表面滿是蕨類、青草、小石塊和雜亂無章的板狀岩石露頭。這些岩石歷經風吹雨打和地殼運動而碎裂。這些地層很難發現，而且幾乎不可能追蹤觀察。但幾個星期之內，塞吉維克測繪了整個地區的岩石結構，而且準確度高得驚人。

但他還是沒有找到過渡岩和第二紀岩石之間的明確界線。在了解雜砂岩，或把它分成不同地層這方面，他的進展極少，甚至可說等於零。在劍橋，他告訴一位同事：「天氣變得很糟，我來不及完成工作就必須離開卡納封郡（Caernarvonshire）。如果上帝許可，我希望明年五月第一個星期結束前能回到威爾斯北部。我有五個月時間，應該可以走過大部分的威爾斯。」他還表示：「地質學生涯中最可怕的部分是吃重而繁瑣的研究工作！」[56]

然而再往南邊一些，在什羅普郡和威爾斯中部綠油油的山中，另一位地質學家則比塞吉維克有成就得多。

CHAPTER 2

雄心勃勃的莫奇森先生

一八三一年初夏，塞吉維克和達爾文還在計畫行程時，一位年輕的「紳士」地質學家羅德里克．莫奇森（**Roderick Murchison**）已經踏上前往威爾斯的旅途。莫奇森相當富有，出門時也很氣派，帶著「一名女傭、兩匹灰馬和小馬車，車後綁著馬鞍，以備不時之需」。[1] 一同前往的還有他的妻子夏綠蒂、一位博物學家和一位畫家。他們的工作是分類岩石樣本和畫下各地景色。他們從莫奇森位於新興的倫敦西區透天住宅出發，在途中暫停，拜訪曾經教過莫奇森的威廉．巴克蘭（**William Buckland**）。

巴克蘭在牛津大學的職位和塞吉維克大致相同，所以是當時英國僅有的另外一位有薪水的全職地質學家。他以古怪聞名，最得意的成就是發現香腸形的糞石（**coprolite**），是恐龍糞便的化石。[2] 莫奇森提到造訪巴克蘭在牛津大學的辦公室時寫道：「我走進有如走廊的細長房間，裡面滿是極爲混亂的岩石和骨頭。在末端的密室裡，我的朋友穿著像巫師的長袍，坐在放著化石又搖搖晃晃的椅子上，正從母岩取出骨骼化石。」[3] 莫奇森談到他考察威爾斯岩石的行程計畫。巴克蘭特別強調威爾斯難以理解的地質造成的困難，但絲毫沒有影響這位學生的熱情。第二天，一行人從牛津繼續出發，爬上長滿青草的科茲沃斯山地南側，再下到平坦廣闊的塞文河谷。他們在格洛斯特（**Gloucester**）西邊某個地方坐渡船過河，換乘用馬拉的駁船和近岸平底帆船，辛苦地到達塞文河口邊的小漁村蘇利（**Sully**），現在是卡地夫（**Cardiff**）南邊的郊區。這裡住著當地牧師和另一位紳士地質學家威廉·科尼貝爾（**William Conybeare**），就是和塞吉維克合作研究雜砂岩的地質學家。

莫奇森其實跟科尼貝爾和塞吉維克都很熟，他們在倫敦地質學會的會議中定期碰面，甚至曾經聊過請莫奇森和塞吉維克一起到威爾斯考察。但塞吉維克從劍橋出發的時間延後，莫奇森開始感到不耐。他對測繪雜砂岩的興趣很快就消失，他的主要目標在其他方面。

莫奇森從來沒打算當地質學家，他出身蘇格蘭小地主的富裕家庭，一向夢想擁有軍人的榮耀。他十三歲時被送進伯明罕郡大馬洛（**Great Marlow**）的皇家軍事學院（**Royal Military College**）[4]，十六歲進入陸軍，一年內被派往西班牙參與半島戰爭。在這場戰爭中，英國、西班牙和葡萄牙聯手遏止拿破崙把法國版圖擴大到西南歐的野心。然而，這次軍事行動結果不甚理想。他到達之後，英軍被迫退出這個地區，莫奇森回到英國。這不是他夢想中的榮耀人生，他非常希望對拿破崙的戰爭能讓他有機會回到前線。但最後事與願違。一八一五年六月，威靈頓公爵在滑鐵盧打敗拿破崙，歐洲恢復和平。

對大多數英國人而言，這場長達十二年的戰爭結束是件值得高興的事。五十萬名年輕男性被徵召參戰，犧牲人數多達數萬，這場戰爭因而被稱爲「絞肉機」[5]。奇怪的是，有一段關於勝利消息的生動記述出自塞吉維克。那年夏天，他爲了躲避傷寒大流行而離開劍橋，在父母親位於丹特（**Dent**）的家中等待。爲了打發時間，他開始駕車到鄰近的塞德伯鎮（**Sedbergh**）買些報紙。六月二十三日左右，他到達塞德伯鎮時，英國官方刊物《倫敦憲報》（*London Gazette*）號外正好送到，帶來滑鐵盧勝利的消息。塞吉維克提到：「和大家一起歡呼和互道恭喜之後，我以最快的速度回丹特。當天相當急，所以我弟弟戴爾斯曼在途中跟我會合。我們很快就到達丹特的市場……後來我們爬上巨大的黑色大理石，我的同鄉經常站在上面聽拍賣商和街頭公告員的聲音。我用最高的聲音，對著擠在周圍的焦急群眾唸出政府公報號外上的消息。喧嘩的歡呼聲停歇後，我說：「我們一起爲這場偉大的勝利感謝上帝，讓銅鐘響起歡樂的鐘聲！」[6]

但這場勝利對莫奇森而言卻是很大的打擊。他當時才二十出頭，是領半薪的上尉，歐洲和平也大幅降低軍事發展的可能性。他後來告訴朋友，滑鐵盧戰役「打消了我和拿破崙的所有雄心」。[7]他離開軍職，兩個月後和夏綠蒂・胡戈寧（**Charlotte Hugonin**）結婚，岳父是富有的軍官。莫奇森夫婦婚後搬到英格蘭北部山中的提斯代爾（**Teesdale**）[8]，後來再搬到鄉間的萊斯特郡（**Leicestershire**）。莫奇森過著玩樂、打鷓鴣和獵狐狸的放蕩生活。有一段記述提到，一連幾個月，他厭倦了拜訪朋友時「難以忍受的無聊」，所以幾乎每天帶獵狗騎馬出門，成爲英格蘭北部最著名的獵狐人[9]。

莫奇森過了五年這樣放浪的生活，後來才發現這樣入不敷出。養獵狗、養馬和放肆玩樂的花費都高得出乎意料[10]。爲了縮減開支，莫奇森賣掉大房子，改住倫敦的小房子（但還是很豪華）。但他在那裡可以做什麼？

幾年前，在萊斯特郡山中打鷓鴣時，莫奇森認識了著名化學家漢福瑞・戴維爵士（**Humphry Davy**），他以具感染力的熱情談論因爲科學研究而不斷拓展的新世界。莫奇森後來回憶：「上午我們一起打鷓鴣的時候，我體認到一個人可以追尋學問，但同時又不放棄野外運動。」[11]在妻子夏綠蒂的鼓勵下，他開始參加皇家學院的講座，這個機構致力於

圖 2.1　一八三六年，莫奇森四十歲出頭時的畫像。

推展科學教育和研究[12]。據說夏綠蒂私下很擔心莫奇森可能沉溺享樂而浪費了才能[13]，因此，爲了找些更好的事來做，莫奇森加入倫敦地質學會，到牛津在巴克蘭指導下做研究。

他或許感到相當自在。當時在英國，研究岩石可能不被視爲主要的學術研究領域，但也因爲這個緣故，許多人認爲它是「值得紳士從事的行業，帶來的心靈滿足感和社會地位，不亞於普受公認的專業」[14]。這代表地質學界高層充斥著「有錢、曾經當過軍人的地主」[15]，想在地質田野工作中尋求軍事生活的冒險，以及獵狐狸和鄉間活動的戶外娛樂。這類人士也擁有一些科技優勢。舉例來說，迅速觀測和描繪陸地概況的軍用繪圖方法就是重要技能，一位軍用繪圖專家說，如果不懂軍用繪圖，「地質學家經常會陷入窘境」[16]。莫奇森經常跟朋友講，他想證明「研究科學的紳士會用鐵鎚也會用槍」，還有「常運動的人也可以是懂科學的人」[17]。

不過不是每個人都認爲他做得很成功。一位蘇格蘭人說：「他是勤奮的觀察者，我相信也是優秀的博物學家，但獨創性顯然不高。」[18]但對許多人而言，研究岩石對獨創性和天分的要求不高，一個人只要擁有銳利的眼睛、強健的雙腿、優秀的判斷力，並且清楚了解既有的研究成果，就能做得很好。莫奇森以體力和企圖心補足自己在獨創性方面的不足。此外，他和當時其他紳士地質學家不同的是，他的財產足以讓他把全部時間投入這個新興趣[19]。

在科尼貝爾牧師位於蘇利的住宅，莫奇森一行人跟牧師一家人一起住了幾天。他們的對話沒有紀錄，莫奇森這段時期的田野紀錄也只有造訪當地名勝的簡短記述，深入的內容極少。目前這些紀錄收藏在倫敦地質學會位於皮卡迪利（Piccadilly）的會所一樓高大典雅的圖書館。儘管如此，他們一定曾經談到神祕的雜砂岩，雜砂岩是當時最重大的挑戰，而且科尼貝爾和塞吉維克合作破解這個謎團的行動十分重要。但莫奇森一定還有自己的理由，想向科尼貝爾求教關於威爾斯岩石的疑問。

第一個疑問是製圖問題。塞吉維克和達爾文向北前進後發現，在格林諾的英國地質圖中，英格蘭與威爾斯邊界附近有重大錯誤。圖中有明顯但不規則的老紅砂岩帶通過這個地區。因此莫奇森也和格林諾一樣，認爲在這份地質圖的第二版發行前，進入威爾斯山區後必須尋找比較準確詳細的當地資料。

但應該還有其他動機。莫奇森和地質學家萊爾已經合作了好幾年。萊爾大力支持十八世紀蘇格蘭知名學者詹姆斯．赫頓（James Hutton）的理論。四十五年前，赫頓發表地球歷史的嶄新說法，挑戰當時流行的聖經記述。這個理論的依據是當時歐洲南部以及冰島的重大火山事件。一七八三年，大規模火山噴發導致厚重的塵土和煙霧籠罩歐洲大部分地區，時間長達數個月之久[20]。

赫頓開始猜測地球一直在發熱，灼熱的核心定時「沸騰」，有時往往衝破地殼，形成火山，有時則只使陸地溫度提高，造成地層傾斜和彎曲，形成新的丘陵和高山。這個過程現在稱爲「地殼抬升」。風和雨等自然力接著發揮作用，侵蝕這些新的高地，把鬆動的岩石和土壤帶到海中。這些岩石和土壤沉在海底，慢慢形成新的岩石層，岩石層又因爲灼熱的地球核心作用而被抬起。抬升、侵蝕和沉積的循環不斷重複下去，有些浪漫的人稱這個循環爲「地球交響曲」[21]。

赫頓的模型是史上第一次嘗試勾勒地球的全面歷史，以可觀察的實際現象，取代上帝的工作和超自然力量[22]。這個理論稱爲均變論（**Uniformitarian**），認爲地球的樣貌完全由作用緩慢且時間極長的力決定[23]。剛剛踏入地質學領域，還在努力站穩腳步的莫奇森，對此深深著迷。他答應加入萊爾的偉大計畫，打算證明這個仍有爭議又富挑戰性的理論。

他們兩人在一八二八年花費十個月時間，走過法國和義大利的火山區。在這些地區的山丘和山谷裡，他們發現火山噴發與後續河流侵蝕反覆塑造和改變地景的徵象，這些證據都能證明赫頓的理論[24]。回到英國之後，莫奇森同意繼續和萊爾合作。這個前所未有的假說應該就是他來到威爾斯的原因。威爾斯中部的古老火山丘陵或許能讓他們再次證明自己的想法[25]。

科尼貝爾和莫奇森那年夏天走過蘇利西邊的海岸懸崖，再沿海岸到史萬西（**Swansea**）和煉鐵廠時，並沒有發現任何對赫頓的地殼抬升模型有幫助的證據，但他不會反對赫頓的理論。一八二〇年代末，連科尼貝爾和塞吉維克這些十分虔誠的牧師地質學家，也同意聖經對地球歷史的記述不盡完整，願意探討宗教理論外的其他理論。我們能確定的，只有科尼貝爾鼓勵莫奇森研究老紅砂岩位於雜砂岩上方的地點，協助改進格林諾的地質圖。

兩天後，莫奇森一行人繼續前進，爬出海岸平原，通過一道道的石炭紀煤帶、石灰岩和粗砂，朝北走向威爾斯中部年代更早的山地。他們的目的地是維多利亞時代溫泉鎮：畢爾斯泉（**Builth Wells**），位於當時的拉德諾郡（**Radnorshire**）南部。有人在這裡發現從海床推擠上來的化石，原因可能是赫頓的「地殼抬升」，所以現在這些化石在高高的山坡上。

他們朝北走過高聳的森林和偏遠的小鎮鄉間，看到老紅砂岩露頭連續不斷地出現在雜砂岩上方。這兩種岩石「系統」之間的清楚界線，正是塞吉維克在北邊感到難以捉摸的目標。莫奇森認眞地記錄它們，格林諾修訂地質圖時非常需要這些細節。他們踏著紅色的泥土和翠綠的青草，在連綿的山中上上下下，走過村莊。衣不蔽體的小孩都出來看他們。兩天之後，一行人下到威河河谷。威河在這裡水流快又淺，「像銀色蟒蛇一樣」蜿蜒在長滿樹木的河岸之間」[26]。

莫奇森一行人沿著西岸向北走。後來小路在某個地方向上爬升，經過一棟高大的紅磚房屋，稱爲崔瑞克特磨坊（**Trericket Mill**）。莫奇森在這裡看著下方的河對岸，指出「低矮的灰色岩石平台形山脊稍微朝東南下滑後，出現在威河對岸，似乎從赫里福德郡（**Herefordshire**）的老紅砂岩下方相當平緩地升起」[27]。這裡也是構成雜砂岩的灰色泥岩和砂岩直接變成老紅砂岩的明確界線。但接下來，他的語氣出現了令人困惑的改變。

莫奇森激動地寫道：「我們在卡文夏姆渡口（**Cavansham Ferry**）過河。我很快地跑上山脊，發現裡面有許多過渡岩（雜砂岩）化石，開心得難以形容。」[28]他的興奮似乎沒什麼道理，因爲他已經走過好幾個雜砂岩逐漸變成老紅砂岩的類似層序，但沒有這麼激動。他的老朋友巴克蘭還跟他講過威河河谷裡有這樣的層序。他爲什麼突然這麼緊張又興奮？

答案可能是，這段紀錄應該不是實際狀況。以後我們將會知道，多年之後，莫奇森很想以不同的方法詮釋他初次探索威爾斯岩石的經驗，所以改寫了這段記述。當時他可能只記下又看到一處雜砂岩和老紅砂岩的接合面，就繼續朝北前往布斯威爾斯。威河在這裡從十八世紀的優美石造拱橋下方通過。他在這裡沿著小路，在盛開的淺黃色金雀花叢間爬出河谷，走向東北方一連串低矮的火山丘陵。丘陵一個個出現在遠方開闊的鄉間，最後消失在藍色薄霧中。

現在我們只能猜測當時他的實際感受。莫奇森不大容易被許多同事的浪漫情緒感動。在軍中童年影響和軍人親戚助長下，他經常本能地採取軍人的思考模式，把田野工作當成軍事行動，目標是征服自然，而不是欣賞自然[29]。他常在田野紀錄以及寫給朋友的書信中，以習慣性的措辭，提到他「進襲」山地時的「強行軍」、「戰鬥」和「開火」。莫奇森對自己的英勇和耐力相當自豪，曾經宣稱他曾經在三天內前進一百九十公里[30]。他的田野工作方式「具備強行軍的性質，有『持續前進，就算極度艱苦也要向前走的紀律』」。他的朋友萊爾在他們的法國之行後寫道：「我有時候必須為了研究地質學而提出異議，要他不要走得那麼急，就像他的妻子因為體力因素而提出異議。」[31]

這些作風聽起來似乎很強悍，但莫奇森其實也很喜歡舒適的生活。他當然經常住潮濕陰鬱的客棧，但他也帶著悉心取得的介紹信給當地人士，包括政治人物、商人、當地鄉紳和他從軍時期的聯絡人等。這些人素有「對外地人十分客氣」的名聲[32]。

這些人當中，有一位是格外慷慨和重要的主人：湯瑪斯．法蘭克蘭德．路易斯爵士（**Sir Thomas Frankland Lewis**）是拉德諾郡（現在屬於波伊斯郡）的保守黨國會議員，擁有橫跨英格蘭和威爾斯邊界的哈爾普頓莊園（**Carpton Court**）[33]。他和許多精明的地主一樣，曾經邀請莫奇森探勘他的土地，希望發現有價值的新礦產。莫奇森一行人在哈爾普頓莊園度過充實的一星期，在當地採石工人協助下，探勘莊園附近拉德諾郡中部的火山高地[34]。路易斯爵士後來開心地寫道，他永遠忘不了這幾位地質學家在他書房地面展開的地質圖有多讓人眼花撩亂[35]。那個星期中，莫奇森寫了二十六頁筆記，指出他沒有發現有價值的礦物，但挖到許多海洋生物的化石，包括腕足動物、類似牡蠣的雙殼貝類和海綿。這些同樣是赫頓的「火山抬升」循環的證據[36]。

不過，莫奇森住在路易斯爵士家時發現的重要證據還不只這些。一位牧師兼地質學家：湯瑪斯．路易斯牧師（Thomas Lewis）正好住在附近的北赫里福德郡（North Herefordshire）艾米斯翠村（Aymestrey）。他和前述的路易斯爵士沒有關係，在劍橋大學時是塞吉維克的學生。他和十九世紀大部分的英國人一樣需要工作，靠教堂的收入謀生，在空閒時研究地質學，後來才成爲全職的地質學家。路易斯利用教堂禮拜儀式間的空檔，花費四年繪製當地的岩石圖，同時認眞地蒐集化石，村子裡「路上和田地到處都有很多化石」[37]。莫奇森很有興趣，因此前來造訪。

他們兩人徒步走過艾米斯翠和魯格河（Lugg）邊的木架屋馬車客棧，周圍的山，山中的泥土從棕色轉成紅色。路易斯帶莫奇森去看一小片露出的岩石。這片岩石同樣可以清楚看到老紅砂岩位於雜砂岩上方，再次明確呈現出兩個地質時期之間的界線。

但路易斯還帶莫奇森看了有趣得多的東西。他帶莫奇森回到自己簡單的住處，他的化石收藏品存放在五斗櫃裡，每個抽屜是一種岩床和相關的化石。許多化石來自雜砂岩，這代表路易斯不僅把化石分成不同的地層，還給每塊化石指定不同的化石「指紋」，這點更了不起[38]。

這項成就極爲重要。地質學家努力多年，整理歸類含有許多化石的第二紀岩石、涵蓋英格蘭大部分地區的砂岩、石灰岩、黏土和煤帶。他們的分類依據除了往往大不相同的岩石外觀或礦物成分，還有化石紀錄。這個方法的主要概念是：每種沉積岩的形成條件各不相同，因此會形成一種或多種獨一無二的生物。這些生物死亡時，也會留下專屬於這個時期的化石紀錄。這類紀錄的內容可能是單一物種，或者某幾個物種特別多，或是不同物種的特定組合，其中以第三種狀況最常見。換句話說，同一個地質時期形成的所有岩石，應該都有相同的化石指紋，這個難以消去的標記，在混亂的地層中處處可見[39]。

這對莫奇森而言無疑是重要的啟示，他那段時間的田野紀錄大量參考路易斯的研究成果，把雜砂岩分成六層交互出現的石灰岩和頁岩（頁岩是顆粒細小的泥巴和石灰岩的混合物），每一層都有自己的特定性質和化石組成。

莫奇森又花了一星期時間，向北前往英格蘭和威爾斯邊界，經過放牧紅牛的原野，依據格林諾的地質圖，試圖描畫出第二紀岩石和過渡岩之間的界線。古老的邊界城鎮拉德洛（Ludlow）是礦藏探勘中心，也是「英格蘭最清爽、乾淨、漂亮的城鎮」[40]。在這裡，另一位當地地質學家帶莫奇森四處參觀。湯瑪斯．洛伊德（Thomas Lloyd）醫師帶他到城鎮外圍的路德福德（Ludford），指出一座小懸崖給他看。在這裡，老紅砂岩和雜砂岩間的接面同樣清晰可見。現在這座懸崖已經快被低處的樹枝完全遮住，但從留言板上仍然看得出莫奇森曾經造訪[41]。

洛伊德還帶著訪客到特梅河（River Teme），這條河沿著大弧線從城鎮和諾曼城堡的南邊流過，水流又快又清澈。在河的對岸，雜砂岩很快地出現在石灰岩懸崖中，當地地質學家在這片懸崖發現許多騎士五房貝（*Pentamerus Knightii*）化石，莫奇森先前在艾米斯翠也看過這種化石。這表示拉德洛和艾米斯翠的石灰岩很可能屬於相同的雜砂岩層，稱爲五房貝石灰岩（Pentamerus Limestone）[42]。這點同樣證明，至少「上層」雜砂岩很容易依據化石紀錄分成不同層次。

莫奇森離開拉德洛，繼續向北前往約克，和全英國首屈一指的科學人才一起參加不列顛科學促進會（British Association for the Advancement of Science）成立大會時，似乎已經意識到，造訪威爾斯邊界地區使他取得解決雜砂岩問題的非凡地位。雜砂岩問題，和赫頓的「地球持續活動」概念，同樣吸引人。

鎮中心剛落成的約克郡博物館，是一棟富麗堂皇的新古典主義建築，這個夏天，他在館裡掛起一幅彩色地圖。他用這幅地圖標出第二紀岩石和過渡岩之間的界線。他指著這些圖表，大膽地向「三百位紳士」宣布[43]，這些圖表代表「英國地質學新的一步」。這一步「終於弄清楚過渡岩和較晚地層間的眞實關係」。[44]

他後來寫道：「我把它稱爲上層雜砂岩，因爲我在威爾斯南部邊界、什羅普郡和赫里福德郡等好幾個地方看到這種岩石，而且這些地方彼此距離相當遠。」[45]這麼說相當不好，因爲他做的這些事大多是別人告訴他的。但對當時參與大會的許多人而言，莫奇森看起來就像獨力解決了威爾斯的雜砂岩和英格蘭的第二紀岩石之間的「時間眞空」問題。

格林諾的地質圖中在此之前不夠詳細和有問題的地方，莫奇森都能加以補足。

但這只是開始。接著他告訴聽衆，他完成了一件更重要的事：他探勘了一片應該是上層雜砂岩的岩石，不只發現它能分成不同層，而且每一層都可依據獨特的化石加以分辨[46]。他完全沒提到帶他在這個地區探察的路易斯牧師或當地其他專家。對大多數聽衆而言，聽起來彷彿都是他一個人的研究成果[47]。

莫奇森後來寫到一八三二年夏天時說，那是「我一生中成果最豐碩的一年……我當時三十九歲，身體和心智活動量都超乎常人」[48]。雖然他吝於提到曾經協助過他的人，但他的優越感在一定程度上有其理由。蘇格蘭地質學家阿奇博爾德．蓋奇後來為他撰寫傳記時，以高高在上的態度提到路易斯和洛伊德等人「雖然不特別希望被稱為地質學家……但習慣觀察周遭的岩石和化石」，還寫道「這些朋友從一開始就熱心地協助莫奇森」[49]。依據另一段記述，路易斯「欣然託付這些材料，很開心能把它交到實際知識比他高出許多的地質學家手上」[50]。

這兩段陳述都不正確。路易斯已經計畫自己發表他的發現，而且後來對於他對雜砂岩研究的貢獻沒有獲得肯定，感到十分憤怒。多年之後，他寫信給莫奇森說：「我就直說了，我的初步成果被忽視，對此我感到非常失望。」

我無法忽視我在你第一次造訪那個地點之前的初步成果，以及我觀察艾米斯翠周圍岩石演變的正確程度有多重要。我的後續鑑定工作、在你之前畫下的豐富圖形，和我在能力範圍內提供一切協助的慷慨，又是多有價值[51]。

那年冬天，塞吉維克和莫奇森在倫敦比對紀錄。塞吉維克蒐集了許多威爾斯北部岩石結構和特性資料，這些岩石的一團混亂告訴我們，它們曾經激烈翻攪，最後摺疊成大致呈南北走向的高低起伏。但他沒有找出第二紀岩石和雜砂岩的關係，也沒有在年代較早的岩石中找到明顯的岩層。結果，他的威爾斯過渡岩測繪計畫仍然在萌芽階段。

另一方面，莫奇森似乎默默改變了計畫。他原本的想法是繼續和萊爾合作，現在發現他碰到了更令人期待的新計畫。他這輩子第一次擺脫其他人的陰影，開始自立自強[52]。科學史專家詹姆斯．塞科德（**James Secord**）曾經寫道，莫奇森不僅「發現」了老紅砂岩和雜砂岩之間的明確界線，也「爲自己的研究發現新的方向」[53]。

因此，我們顯然應該重新看一次他在威河邊崔瑞克特磨坊附近那段激動的記述[54]。這段記述撰寫於三十五年之後，雜砂岩這時已經成爲莫奇森地質學研究工作的核心，他急於表達他在一八三一年探勘雜砂岩是安排好的計畫，而不是幸運的意外[55]。此外有件事或許也有幫助，杜撰這段記述可能是爲了塑造維多利亞時代浪漫英雄的傳統形象。英雄莫奇森踏上探索之旅，在揭開所有謎底時體驗「靈光一閃的時刻」，而且這一刻發生在見到路易斯之前。莫奇森傳記作者後來更進一步修飾這個故事，把它說成一個「冒險心靈」在「崇高的科學追尋」中的「大發現」[56]。

現在許多地質學家相信，這整件事可能都是捏造的。許多人質疑在他所說的河邊地點是否看得到「灰色岩石山脊」和「赫里福德郡的老紅砂岩」。我們必須在山谷中攀升大約四百公尺，才能清楚看到岩石，卽使如此，仍然很難找到雜砂岩和老紅砂岩間的接面。地質學家鄧肯．霍利（Duncan Hawley）曾經仔細探勘過這些岩石，他寫道：「森林裡有一條小溪，小心地溯溪而上，可以在溪床上發現岩層從灰色變成紅色。不過很不容易看出來。」[57]

甚至還有人主張，這片山坡說不定根本看不到雜砂岩和老紅砂岩之間的接面。現在這裡的山脊表面是森林，但在莫奇森的時代，採石場遍布這個地區，有許多岩石裸露出來。但某些觀察者表示，雜砂岩和老紅砂岩間的接面，並不在這個地區曾經裸露的岩石裡，而是在更高的田地裡[58]。

無論事實如何，一八三一到一八三二年的冬天，當時三十九歲的莫奇森研究地質學才七年，就獲得英國地質學界的最高榮譽：他繼塞吉維克之後當選為倫敦地質學會會長。

塞吉維克和莫奇森比時決定進行當時最重要的科學合作：以一項大規模計畫探索和測繪過渡岩，讓這類岩石與地層表中的其他岩石吻合。他們協議，塞吉維克繼續專心探勘威爾斯北部，從柏文山到史諾登尼亞山地和威爾斯北部海岸，莫奇森則探勘他已經相當熟悉的地區，包括什羅普郡南部、拉德諾和蒙哥馬利等威爾斯邊界郡，以及威爾斯南部和西部。

圖 2.2　一八三二年塞吉維克和莫奇森在威爾斯負責探勘的區域。

這個劃分方式可說相當草率。什羅普郡和威爾斯邊界的雜砂岩，顯然位於第二紀地層底部的老紅砂岩下方，而威爾斯西部和北部岩層，則似乎比較接近安格爾西島和西部海岸非常古老的第一紀岩石。這表示北部和西部的岩石，應該比南邊的岩石古老。的確，這些岩石本身似乎也支持這個假設。什羅普郡的雜砂岩中有許多化石紀錄，代表早期海洋生物相當蓬勃。北邊的化石紀錄則少了許多，代表地球生命才剛剛開始萌芽。換句話說，雜砂岩顯然還分成「上層」和「下層」。

這個合作關係起初並不對等。莫奇森還不確定自己的地質學程度，似乎覺得必須依靠他覺得經驗比較豐富的人。一八二〇年代，這個人是萊爾，現在則是塞吉維克。莫奇森曾經跟一個朋友說：「塞吉維克親切活潑的性格，以及他的心靈和口才，立刻讓我十分傾心。」[59] 後來萊爾在給共同朋友的信中尖酸地寫道：「你知道他把『第一個人』當成偶像，反正亞當（塞吉維克的名）這個名字常被這麼對待。」[60]

塞吉維克跟莫奇森合作的動機則沒那麼明確，剛開始時甚至不大想合作[61]。但他後來似乎相當欣賞這個年輕人的活力和組織能力。幾個月後，他們兩人關係越來越密切，來往信件上的稱呼從「敬啟者」變成「親愛的S」和「親愛的M」（塞吉維克與莫奇森的首字母），最後莫奇森直接署名「羅德里克斯」（Rodericus），塞吉維克則回覆「您直到地球中心的夥伴」。

CHAPTER 3

跋山涉水威爾斯

（1832～1833年）

我們向西朝威爾斯邊界前進時，布雷登山高高矗立在鄉間。起先是一點點高地從樹木和樹籬間透出，接著是一排顯眼的山峰俯瞰著周圍的田地。這些山峰其實就是英國詩人豪斯曼（**A. E. Housman**）筆下「記憶中的藍色山丘」：

布雷登的夏日
鐘聲清澈
在鐘響的郡城裡環繞一片
在鐘樓尖塔間遠近飄蕩
令人聽見就高興的聲音

一八三二年六月底的一天早上，可能是因爲教堂的鐘聲，塞吉維克在第二季的田野工作途中停了下來。他沿著陡升的小路，穿過長滿黑色歐洲越橘的低矮樹叢，登上五座山峰中最高的一座，也就是布雷登山本身，再穿越一片片在陽光下閃著光芒的深色結晶岩石。這些岩石是數億年前火山動盪的遺跡。

塞吉維克接近山頂時，應該會看到十五公尺高的羅德尼柱（Rodney's Pillar）在天空襯托下的輪廓。這個紀念碑是五十年前由蒙哥馬利郡的紳士建造，用於紀念當地英雄喬治·布里吉斯·羅德尼上將（Admiral George Brydges Rodney）在美國獨立戰爭時期打贏了一場不知名的海戰[1]。但塞吉維克當時關心的，應該不是羅德尼。他站在紀念碑下，看著環繞周圍的威爾斯山景，從北邊的史諾登到西南邊卡代爾伊德里斯山隱約可見的輪廓。在這片荒涼的鄉間，一定有某個地方藏著破解雜砂岩之謎的關鍵。接著他轉向南方，前往鄰近的格爾法山峰（Moel y Golfa）。他在這裡或許會碰到一小群人正在辛苦地朝山頂前進，後來果真如此。這些人是莫奇森和他的妻子夏綠蒂，他們在威爾斯再次進行夏季田野工作，正好停下來看看周遭的鄉間和未來的任務。

塞吉維克趁著傍晚的光線繼續向西走，目標是古老的採礦村莊拉尼米內奇（Llanymynech）。這個到處是塵土的聚落只有一條街，位於英格蘭和威爾斯邊界。當地人口曾經依靠在周圍山地開採銅礦和鉛礦爲生，但十九世紀時，礦產接近枯竭，現在大多數人在周圍的採石場和窯場工作。塵土和加熱石灰岩的煙霧瀰漫在空氣中。在那年夏天一連串的定期報告中，塞吉維克在第一份報告中告訴莫奇森：「我當天傍晚到達拉尼米內奇，第二天跟我朋友伊文斯以神職人員應有的方式度過了一天。不過上過教堂後，我爬上村子北邊的山，看到我這輩子見過最美的景色。」[2]這座山是拉尼米內奇山，在拉德諾森林南邊、史諾登尼亞的雜砂岩山丘西邊。

塞吉維克繼續深入威爾斯，經過當地繁華的莊園[3]。第二天上午，他的馬車已經到達柏文山腳，在皮斯提爾雷德（**Pistyll Rhaeadr**）爬上陡坡，離開什羅普郡的平地。這裡有一條小溪流入東側。塞吉維克寫道，「溪水滔滔流過雜砂岩和玢岩，垂直高度大約有七十公尺」，並且說裸露的岩石非常高，形成「對地質學家而言十分美麗的瀑布」[4]。

他再次尋找裸露的岩石露頭，露頭中的地層線或許能讓人了解底下的結構。但皮斯提爾雷德的岩石由不規則的灰色雜砂岩塊構成，無法從其中找出任何規則。再上面一點，穿過長滿樹木的山坡，就是光禿禿的卡代爾柏文山（**Cadair Berwyn**），高度略高於九百公尺[5]。塞吉維克在這裡向東眺望柴郡（**Cheshire**）平原，本寧山脈的影子在遠方搖曳，但他腳下還是找不到關於岩石歷史的明顯線索。

第二天上午，他沿著趕牲口的路更加深入山地，經過板岩採石場、廢石堆和廢棄的鉛礦。兩邊是長滿金雀花和蕨類的山坡，中間是洶湧的山中急流和險峻的碎石瀑布。他爬到更高的地方時，幾乎已經看不到岩石露頭。但在峰頂附近一個叫米提爾賽瑞格（Milltir Cerrig）隘口的地方，有一條小徑橫過山路，向北通往威爾斯海岸。在這裡，陸地逐漸變得平坦，一堆不在原位的大石塊，說明了這裡有個小型採石場挖掘雜砂岩。

塞吉維克停下來仔細觀察。這些石頭在風吹雨打下已經變黑，但採石場不規則的邊緣代表地層的粗略界線大致呈南北走向，與山的輪廓相同。採下石塊，用鎚子敲打石塊表面，還能分辨出岩石中比較灰白的線，穿入砂岩和板岩層。這種岩石和稀釋鹽酸的作用相當劇烈，表示它是石灰岩。

他沿著陡峭的山路走下柏文山西面的山坡，朝巴拉湖邊前進。光禿的石塊露出周圍的草地，宛如地球的骨頭穿出皮膚。他在這裡停在農場附近的另一個小採石場，這個農場叫做吉力格林。在穿出枯葉堆的蕨類新芽中，塞吉維克找到另一道不規則的「黑色貝殼石灰岩」，非常像他在米提爾賽瑞格隘口看過的岩石。地質學家描述這類地層帶時，有兩個很有用的表達方式：地層在指南針上的方向（無論朝東、朝西、朝南還是朝北）稱爲走向

（strike），而相對於下方岩石的角度稱爲傾角（dip）。米提爾賽瑞格隘口的石灰岩層大致上是南北走向和朝西北傾角。

事情總算有了進展。接下來幾天，塞吉維克觀察更多這類粗砂頁岩和石灰岩露頭沿南北方向在柏文山中前進。他發現這些露頭似乎形成兩條大致平行的帶狀，一條在山丘西側蜿蜒下滑，在吉力格林經過採石場，另一條朝東走，經過米提爾賽瑞格隘口。他以附近湖泊的名稱把它們命名爲巴拉石灰岩（Bala Limestone）[6]。

這是塞吉維克第一次達到能與莫奇森前一年匹敵的成就，在他當時稱爲「和地殼一樣古老」的雜砂岩中畫出一條地層帶。此外，他還提出了幾個重要結論。第一，他能粗略評估岩石中不同區域的相對年代。石灰岩下方的所有岩石（如果沒有翻轉）應該比上方的岩石古老。因此石灰岩成爲協助塞吉維克分辨岩層年代的標記[7]。第二，巴拉石灰岩是他在威爾斯北部所發現首個包含重要化石紀錄的岩層，裡面有許多種三葉蟲、腕足動物和海百合，因此或許能把它們和其他地方的類似岩石比較[8]。最後，這個地層的傾角似乎也證實塞吉維克前一年的發現。如果更東邊的米提爾賽瑞格石灰岩帶朝西北傾斜，但接近巴拉湖的岩石帶朝相反方向傾斜，則從這個地區的截面可以看出它們在柏文山西邊交會，形成向斜[9]。簡而言之，它們似乎延續了塞吉維克前一年畫下的穿過威爾斯北部的褶皺。

許多岩石只露出一小片，很難跟周圍的泥巴和黏土分辨，又被茂密的植物掩蓋[10]。但塞吉維克在每個地點都必須停下來檢視組成，測量走向和傾角。年輕劍橋研究生約瑟夫．畢特．朱克斯（**Joseph Beete Jukes**）這時跟隨塞吉維克研究，後來任職於英國地質調查所，負責審查他的觀察結果。朱克斯在一系列信件中提到他觀察石灰岩帶時面臨的巨大困難，有一次還寫打油詩表達：

我在莫爾馬基諾上方漫步許久
又繞著它閒逛
我們走下山谷繼續前進
艾隆費珍的水在這裡舞動
但裡面藏著石灰岩[11]

朱克斯花了六個多月測繪這些岩石。他的信件提到露頭「被這些貧瘠荒野的黑色沼澤掩蓋」，還在一次格外令人沮喪的考察後灰心地寫道：「從這裡的困難狀況看來，我覺得幾乎不可能找出露頭的一致模式。」幾星期後，他在報告中提到，一位同事為了尋找證據，不得不爬上陡峭的斷崖。他寫道：「我不敢看，但我希望這樣能讓上天高興，讓巴拉石灰岩不再潛入這樣的地方，否則我會朝它丟鎚子，永遠不再理它。」[12]

他的同事安德魯．拉姆齊（Andrew Ramsay），後來成為地質調查所主任，當時也遇到類似的問題：

地質學家第一次來到這個地方時，到處都會碰到不一致的傾角、走向，以及意想不到的石灰岩。到處都是灰，看起來十分混亂，讓人以為有許多短短的石灰岩層和灰層穿插在其他岩石中。必須花費大量人力並憑著技能，朱克斯先生才能分析這個錯綜複雜的謎題的主要特徵，證明所有石灰岩層都屬於同一個岩層，而且灰質地層只有兩條線[13]。

一位消息靈通的當地地質學家曾經寫信給我說：「我很難想像塞吉維克到底是怎麼朝南走觀察石灰岩。我就算有地圖也不想沿著石灰岩觀察。」[14]

有一天我試著跟隨他們的腳步，觀察一小段西邊的石灰岩帶橫越巴拉湖南邊的柏文山荒涼空曠的山坡。小辮鴴在深沉的寂靜中旋轉翻滾，更高的山頂上有些雲朵，看來像火山冒出的煙。糾結的鐵絲網圍籬擋住較低的山坡。這個工作相當費力。小片岩石露頭從沼澤和泥炭沼地表面露出，距離通常有一英里以上。露頭有時顯然是石灰岩，有時則比較像板岩或砂岩。在克瑞格伊爾奧格夫（**Craig-yr-ogof**）這一連串壯觀的險峻峭壁，攀岩客經常停留在高懸在周圍鄉間的狹小岩架上，這裡有一塊很大的石灰岩露頭。但再往南邊一點，石灰岩帶消失在連綿數公里的沼澤和泥炭沼地中，接著再度出現在布蘭伊佩南（**Blaen-y-pennant**）這個小村莊附近的山腳。這個小村莊只有幾棟房子，分佈在湍急水流切削出來的狹窄山谷底部。再往南一些，石灰岩再度消失，最後一次出現在迪菲河（**River Dyfi**）滿佈石塊的淺河床中，就在阿柏契瓦克（**Abercywarch**）鎮上廢棄的法蘭絨工廠附近。

我不知道塞吉維克怎麼獲得這個成果。他在米提爾賽瑞格第一次看到石灰岩時，是偶然碰到還是當地地質學家告訴他的？吉力格林那個偏僻又隱匿的石灰岩採石場是別人帶他去的，還是他自己發現的？我們知道他經常找當地人帶路，但從沒提過這些人，我們也不清楚是哪些人[15]。

不過我們應該可以確定，這個靈光一閃的時刻貨眞價實，和莫奇森前一年在威河河谷發現老紅砂岩和雜砂岩接面不一樣。塞吉維克現在知道這個夏天其餘的時間要做些什麼了。他需要確定他對柏文山東邊和西邊岩石結構的推測。幸運的話，將能確定它們形成的層序年代，早於莫奇森在南邊雜砂岩中發現的層序。另一方面，莫奇森則在溫洛克斷崖周圍的山上來回行走，這座雄偉的石灰岩陡坡俯視著什羅普郡南部。多年的獵狐經驗讓他擁有所謂的「鄉村眼」。這雙眼睛融合知識和經驗，讓他能很快掌握一個地區的主要地形特徵[16]。他在軍中接受的製圖訓練，則讓他能很快地把這些資料畫在紙上。因此在很短的時間內，他就畫出一連串當地山丘的截面圖，指出他前一年發現交替的石灰岩和頁岩帶，其實和地景的等高線相符：陸地通過堅硬的石灰岩山脊和較軟的頁岩山谷時，地勢以規則的斷崖和山谷升高和降低。

現在我們可以跟隨莫奇森的腳步，沿寬淺的科夫河谷（**Corve Dale**）向北離開拉德洛，觀察這類「山脊和山谷」地形。在西面，小路沿山坡上攀，爬上較硬的石灰岩構成的艾米斯翠懸崖（**Aymestrey Escarpment**）和觀景斷崖（**View Edge**），接著以一連串迴旋起伏，下滑到較軟的頁岩構成的霍普山谷（**Hope Dale**）。在溫洛克斷崖碰到另一道石灰岩帶時再度升高，接著再次沿長滿樹木的陡峭山坡下滑到頁岩構成的艾普山谷（**Ape Dale**）。

如果在溫洛克斷崖上的廢棄採石場中尋找岩石，這裡的地面已經被長春藤勃發的幼苗和四處蔓延的枝條覆蓋。這些岩石看起來非常普通，需要很豐富的想像力才能理解它們的年代和歷史。依據現在的估計，它們的歷史超過四億年。在這麼長的時間裡，人類的存在幾乎可

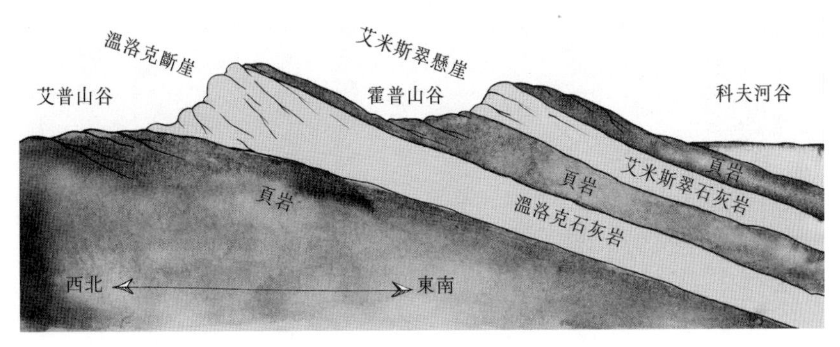

圖 3.1　什羅普郡南部山脊山谷的簡單截面圖。莫奇森一八三二年繪製時應該已經大致正確，但後幾年補充更多細節。

以忽略。環視四周寧靜的田園和農場，再想想它們形成時的狀況，兩者同樣難以想像。那個時期，整個區域是海岸陸棚，屬於東邊長年隱沒的陸塊。眼力可及之處都是溫暖的淺水。杜德里蟲等三葉蟲隨洋流漂流，陽光照射下的海床滿是珊瑚，形成現在所謂的溫洛克石灰岩（**Wenlock Limestone**），可能是地球史上第一片珊瑚礁。

幾百萬年來的地殼運動，形成東邊的高山，高山受到侵蝕時，湍急的河流把泥巴和淤泥帶到海中，導致珊瑚窒息而死，把海床變成爛泥。新的三葉蟲物種在渾濁的水中欣欣向榮。這是第一道泥岩和頁岩，現在稱爲霍普山谷。東邊的高山降低後，侵蝕程度減小，水變得清澈，珊瑚重新生長。藉助肉柱固定在海床上的五房貝，在溫暖的淺水中輕輕擺動。第二層沉積物逐漸形成，這層沉積物將成爲拉德洛石灰岩，或者艾米斯翠石灰岩[17]。這樣的模式不斷持續，硬的石灰岩和軟的頁岩交互形成。數億年後，進一步地殼運動使這些岩石升高並向東南傾斜，交替的硬質和軟質岩石因此受到侵蝕。

作家羅伯特．麥克法蘭（**Robert Macfarlane**）有個著名的說法：地質學讓我們戴上時光眼鏡，回到過去，看見「岩石是液態、海洋卻是固態，花崗岩像粥一樣四處流動，玄武岩像燉菜一樣冒著氣泡,一層層石灰岩像毯子一樣容易摺疊」[18]。一九三七年戰雲籠罩歐洲時,英國地質學家亞瑟・杜魯門(**Arthur Truman**)也曾同樣敏銳的寫道:「鄉間不只是一群山峰和山谷。這些特徵的分布有計畫也有系統。地質學家若擁有觀看鄉間的眼睛,對自然的了解就不亞於藝術家或詩人。」[19]對莫奇森以及不知道這些特別故事的人而言,溫洛克斷崖周圍的地層全都同樣帶來興奮的時刻。前一年,「上層」雜砂岩包含一連串地層,而且能藉由化石指紋加以判別的說法還是全新的概念。現在他在日誌中寫下,他可以證實這個岩石型態,因為「溫洛克斷崖和拉德洛層的許多細節已經了解」。但未來還會出現更多細節。

前一年冬天,莫奇森已經研究過以往礦物學家調查這個地區的岩石時編製的地圖和紀錄。他對亞瑟・艾金(**Arthur Aikin**)的研究成果格外有興趣。艾金出身什魯斯伯里,曾是非英國國教的新教牧師,也是倫敦地質學會的創辦成員[20]。二十年前,艾金寫下許多關於什羅普郡南部的紀錄,包括溫洛克斷崖的截面圖,畫出常見的石灰岩和頁岩帶。此外還有一道完全不同的岩石,從它們底下向西延伸,他描述這道岩石是「可當成建材的紅棕色薄砂岩和砂岩」。倫敦地質學會的主要成員力勸艾金發表他的發現,但努力籌錢給出版商六年之後，他放棄這個想法，改由自己印刷限量版的小冊子[21]。其中有一本輾轉到了莫奇森手上，現在他開始偷偷跟著艾金的足跡，尋找紅棕色的板岩和砂岩。

它們形成綠色、紫色和紅色砂岩，和斷續的石灰岩交織在一起。此外，「山谷中的朗維爾」（**Longville-in-the-Dale**）、「希望的鮑德勒」（**Hope Bowdler**）和當地其他名稱同樣有趣的村莊裡，房屋牆上也有這些岩石。對莫奇森而言，這顯然表示雜砂岩裡還有一層岩石，後來他稱這種岩石爲貝殼砂岩（**shelly sandstone**）。他的「上層」雜砂岩地層表越來越充實。除了石灰岩和頁岩，現在他可以加入新的區塊，一層很厚的砂岩位於它們下方。莫奇森循著岩層，向西穿過什羅普郡南部，進入威爾斯，協助他的資料可能是英國軍需處（軍備測量局的前身）編製的一英寸對一英里地圖（比例尺爲六萬三千三百六十分之一），這些地圖的邊緣附有這個區域的岩石的簡短說明[22]。

一如往常，他再次運用他龐大的人脈，獲得「當地地主和紳士十分周到的接待」，其中有些人是老朋友，「他們還是喜歡取笑他不再追兔子，改追雜砂岩的熱情」[23]。他成了波伊斯城堡（**Powis Castle**）的常客，這座高大堅固的中世紀鄉間大宅矗立在紅砂岩和雜砂石灰岩露頭上。保守黨上議院議員，波伊斯伯爵（**Earl of Powis**）、愛德華・赫伯特（**Edward Herbert**）和太太、好幾個小孩一起住在這裡，還有個很大的書房。

莫奇森也在奧克里莊園（**Oakley Park**）停留，這座大宅和土地位於拉德洛北邊，主人是羅伯特・亨利・克萊夫（**Robert Henry Clive**）。羅伯特是印度克萊夫（**Clive of India**）的後代，當年莫奇森短暫參與半島戰爭時認識了印度克萊夫。莫奇森慢慢朝南邊前進。七月底，莫奇森夫婦回到拉德諾郡的朋友路易斯爵士家，他們前一年也住在這裡。夏綠蒂有魅力又聰明，很受眾人歡迎。地質學和休閒娛樂在這裡互不衝突。

當時一段記述提到：「他們分成槌球和射箭兩組。箭靶放在狹長的綠色草地上，草地一路通到河邊⋯⋯一群群淑女穿著輕便洋裝來回走動，景象相當吸睛。到了六點鐘，茶、咖啡和蘋果酒杯擺了出來，而且已經射了三十幾支箭，所以我們暫停射箭，過去喝茶。」[24]如果是下雨天，這些客人就在大廳玩板羽球（現代羽球的前身）[25]。莫奇森後來表示「貴族豪宅的舒適生活對地質研究有害」[26]。

莫奇森一行人持續向南，經過威爾斯的山地，朝布雷肯比肯斯前進。沿著這道貝殼砂岩，穿過開闊地和寬廣的山谷，羊群「在翠綠的山坡上閒晃」[27]。在途中的採石場和邊坡，莫奇森開始尋找一道狹窄深色板岩帶，這個板岩帶常含有大型三葉蟲化石，稱爲布西櫛蟲（*Asaphus buchii*），從體型和渾圓的尾部，很容易跟其他三葉蟲分辨。這個岩帶有時只有一道條紋，但一定位於色彩繽紛的貝殼砂岩底下。莫奇森以發現地點稱它爲「畢爾斯和蘭代羅薄砂岩」或是更簡單的「黑三葉蟲薄砂岩」。它似乎是進一步研究的好材料。

但他的身體開始不聽使喚了。莫奇森從山上走到山下的小鎮布雷肯（**Brecon**）時，因體力耗盡而倒下。在與世隔絕的威爾斯山中，莫奇森爲了不停工作所依賴的藥物似乎已經用完。前幾年，朋友及共同研究者萊爾曾在信中寫道：「他依賴這些藥物的程度十分嚇人。有一次我們一起外出考察，他帶的藥品劑量不夠，但我發現那裡沒有藥房，所以非常擔憂。」[28]那種藥幾乎可以確定是鴉片跟酒或水混合而成的鴉片酊，是很常見的止痛藥，所以每個人服用前都不會多考慮。我們無從得知這是不是莫奇森的問題根源，但他們一行人不得不回到布雷肯舒適的城堡旅館。莫奇森夫妻休息了三天，遙望著布雷肯比肯斯的老紅砂岩。莫奇森在日誌裡寫著：「第一個重要的星期天用來休息、寫日誌和恢復，我工作得太勞累，導致發燒。華金斯醫師是個粗暴的醫師，但化學家佛漢既親切又聰明。」[29]

在命運的奇妙安排下，這時塞吉維克也處在類似的狀況下。他畫出巴拉石灰岩的分布並推測周圍岩石結構後，就開始一連串長途行程，穿越滿是石塊小徑、泥煤沼和乾石牆的土地，察看自己的觀察結果。他再次遭遇「大片沒有分層的玢岩」[30]，完全沒有莫奇森在南邊看到的清楚地層界線。八月，他到達威爾斯的度假勝地巴爾茅斯（**Barmouth**），這裡一邊是山，一邊是海。馬車聚集在平坦多沙的濱海區域，許多家庭在這裡享受新型態的海水浴。他在這裡「曬成如馬鞍一般的棕色，也因爲過度疲勞而瘦了一點」[31]。塞吉維克也因爲體力耗盡而倒下，說他因爲發燒而發冷，喉嚨也很痛。他寫信給莫奇森說：「我累得形同奴隸，導致生病，現在幾乎沒辦法出門。」[32]

更糟糕的是，塞吉維克沒有同事或妻子陪同，因此覺得這趟旅程越來越寂寞。他原本就健談又善於交際。在劍橋，他的房間經常擠滿朋友，想要「聆聽他獨創性十足的對話以及連珠砲般的妙語」[33]。但在威爾斯，這些同伴完全斷了聯絡。他發牢騷道：「我有時會碰到正在辛苦工作的劍橋學生，晚上偶爾也跟他們聚會，不過這種狀況眞的很少。」[34]一個人在石造小屋和半飢餓的牲口間度過漫漫長夜，陪伴著他的只有油燈和悶燒的泥煤火堆[35]。這個區域只通行威爾斯語，他這段時期的田野紀錄中有生動的威爾斯語學習過程，例如「早安」、「晚安」、「你好」和「謝謝，可以給我一些牛奶嗎?請問有沒有羊肉、牛肉、鱒魚、魚?」但他很清楚，他聽到的其他對話大多跟他無關。他寫信給朋友說：「我想跟村民講話，看看他們的幽默感，但我跟這些卡拉塔庫斯（Caratacus，西元一世紀領導威爾斯抵抗羅馬帝國的酋長）的子孫彼此隔絕，這讓我感覺更加孤單。」[36]

那年夏天，塞吉維克在沒有人陪伴下，依照當時的習慣，喝酒打發時間。他自述：「我每天喝三品脫（約一千五百毫升）波特酒和三分之一品脫白蘭地。」以當時的人來說，這算是很常見的飲酒量[37]。

如此持續放縱難免造成不良後果，但很少人了解。塞吉維克和當時許多人一樣，罹患十九世紀男性常見的「突發劇痛」，這種「連最活躍的人也會因而安靜下來」的劇痛就是痛風[38]。他寫信給在劍橋的朋友說：「我們分開之後，有個非常討厭的熟人（指病痛發作）來短暫造訪，影響我的動脈系統，使我的頭一陣陣地痛。我必須先解決才能開始工作。」[39]「我的病是跳蚤咬，跳蚤一直在咬，而且一直感覺得到，眞的非常不舒服。我現在就是這樣。」[40]一位觀察者曾經記錄，當時的男性「飲酒毫無節制，得到痛風和中風，這在許多中上階層家庭是屢見不鮮的毛病之一」[41]。

過了幾天，痛楚總算減輕，塞吉維克從病床上起身，回到山上，每天最多走六十多公里。他走之字形路線，向南穿過威爾斯中部無人居住的泥炭沼地，依照朱克斯的說法，那裡是「全英國最大、最險惡、最棕色、最沼澤的泥炭沼地」[42]。接著往北探索柏文山東側。以騎馬和坐馬車完成這趟環狀路線，距離約為一百六十公里。他後來回想，這段路程是「我的地質生涯中最嚴酷的夏季工作」。但他得以累積大量資料，用來支持他的想法。

一如他的預測，在柏文山西邊，地層朝阿爾尼格斯和「梅里昂斯郡鞍部」（**Merionethshire saddle**）逐漸升高。而在東邊，他發現類似的穹丘一路穿越威爾斯邊界鄉間，代表巴拉石灰岩將在柏文山東側的小村莊梅佛德（**Meifod**）附近某個地方再度出現。最後的結論格外重要：梅佛德的地層朝東南下滑，因此可能潛入南邊和東邊的岩石下方。這表示塞吉維克研究的地層年代早於莫奇森在南邊研究的邊界地層。他在寫給莫奇森的信中特別強調：「這些岩層……朝東南翻轉，帶出年代較新的岩石……形成你正在研究的系統的底部。」[43]

那年秋天，塞吉維克在劍橋哲學學會發表的演說中，提出第一份粗略的威爾斯北部岩石地層柱狀圖。這張圖包含四個主要部分。除了巴拉石灰岩之外，其他岩石當時還不清楚，而且缺乏明確的化石標記。的確，他說他所謂的「柏文藍板岩」的上層是「一大片我不知道明確範圍的岩石」，而且它和下層「史諾登尼亞板岩」之間，只有相對於巴拉石灰岩的位置不同。因此很難判定它和別處岩石之間的關係，包括莫奇森在南邊研究的岩石。與一開始相同，這些結果只是暫時性的，但仍然是進展。

現在莫奇森一行人已經回到倫敦，他向朋友誇耀：「我完成了不起的工作……我想告訴你們，在我們經常忽略的雜砂岩裡，有四五個很厚的自然化石層，我在裡面發現很多化石，有許多相當新。」[44] 他說的沒錯，他畫出粗略的地層柱狀圖，其中分爲三層岩石：一層拉德洛石灰岩、溫洛克石灰岩和頁岩、色彩繽紛的貝殼砂

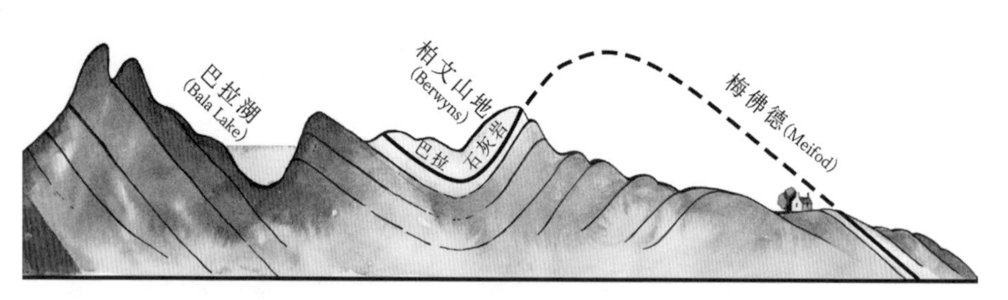

圖 3.2 塞吉維克柏文山截面圖。圖中證實，西邊的岩石朝梅里昂斯郡鞍部和哈萊克穹丘（Harlech Dome）抬升，在東邊形成蒙哥馬利郡穹丘。結果，巴拉石灰岩可能在小鎮梅佛德附近再度出現，代表威爾斯北部的岩石潛入東南方年代較新的岩石之下。

莫奇森的上層雜砂岩層序	拉德洛和溫洛克石灰岩	頁岩和石灰岩層的層序位於老紅砂岩下方。溫洛克岩石中有許多化石，包括海百合、腕足動物、珊瑚、筆石和三葉蟲。
	貝殼砂岩	綠色、紫色和紅色岩石被稱為「貝殼砂岩」，但它們其實是砂岩和石灰岩的混合物。它們都有三葉蟲、腕足動物和海百合等類似的「化石指紋」。
	蘭代羅或黑三葉蟲薄砂岩	以櫛蟲化石為特徵的深色薄砂岩。
塞吉維克的下層雜砂岩層序	柏文藍板岩	位於巴拉石灰岩上方的岩石，分布在柏文山較高處和威爾斯南部大部分地區，其中幾乎沒有化石。
	巴拉石灰岩	石灰岩和頁岩層混合，海百合、腕足動物和三葉蟲化石相當多。
	史諾登尼亞板岩	位於構成威爾斯北部大多數高山的巴拉石灰岩下方。這種岩石和柏文板岩一樣，包含的化石似乎非常少。
	第一紀板岩	原本的第一紀岩石。這個類別令人困惑，包含非常不像板岩的花崗岩和安格雷西和林恩半島的片岩，以及史諾登尼亞西側山坡的板岩。

圖3.3 一八三二年，塞吉維克和莫奇森首次試圖鑑定並分類威爾斯與邊界鄉間的雜砂岩時列出的地層表。他們一致認為莫奇森鑑定的岩石年代比塞吉維克鑑定的岩石晚，因此位於上方。此外他們也認為，這些岩石在地球早期歷史中應該屬於兩個不同的時期，他們謹慎的稱之為上層和下層雜砂岩。

岩，下方則是暫時稱爲「蘭代羅或黑三葉蟲薄砂岩」。

當年冬天和與次年（一八三三）春天，塞吉維克和莫奇森比對紀錄。他們都認爲塞吉維克發現的岩石年代，應該早於莫奇森發現的岩石，而且這兩個地層柱狀圖，可能屬於地球早期史上的不同階段。現在他們開始謹愼地稱之爲上層和下層雜砂岩。莫奇森沒有大學或教會工作佔用時間，而且意識到他的聲譽完全取決於他的田野工作，因此亟欲把他們的發現公諸於世。他的倫敦地質學會會長任期還有一年，他打算在他的會長演說中宣布發現上層和下層雜砂岩。但塞吉維克比較謹愼，因爲關於這兩個時期交接的位置和方式，還有許多地方不確定。其中一者可能確實位於另一者上方，但也可能只是巧合，因爲他們兩人的田野工作區域完全是隨意劃分。因此他們兩人看到的，也可能不是兩個完全分離的時期，而是兩者之間有部分重疊。塞吉維克寫道：「我沒那麼有信心，確定我可以發表正式提要。」[45]最後莫奇森忍著挫折感，在會長演說中只提到上層雜砂岩。他們兩人同意暫時不判定這兩個時期如何交接，只是暫時如此。

一八三三年春天轉爲夏天時，莫奇森趕緊回到威爾斯，再次確認他的發現。他急著想弄清楚上層和下層雜砂岩之間的確實關係，找出兩者間的地質界線。他邀請塞吉維克一起前往，甚至告訴塞吉維克，這次還有一位女士同行，塞吉維克可能會有興趣。但塞吉維克因爲痛風再次嚴重發作而臥病在床，既沒心情跟女性交誼，也無法再到威爾斯山中度過夏天。所以滿懷怨氣地回覆：「夏天是最可怕、最殘酷的暴君，可以屠殺萬人毫不留情。我不想變成……一個被火燒掉的祭品。」又說：「另外，我與愛情唯一相關的就是……我已經跟岩石結婚了。」[46]

莫奇森一行人穿越威爾斯南部，到達托威河（**River Towy**）河谷。在這裡的採石場和河岸，他們發現更多前一年鑑定的黑三葉蟲薄砂岩，並且沿著這些岩層，向北進入什羅普郡。他們實際上是往回走，檢視前一年的田野工作。他們再度受到當地多位地質學家和「採石人」的協助。莫奇森寫信給朋友時，以高高在上的態度寫道：「接下來每一年，我都到從沒聽過地質學這個名詞的地方，宣傳我們這個學科的基本原理，同時尋找新血。我重新造訪我的戰場時，發現我的屬下已經採集許多事實。」[47]

他在許多地方發現，三葉蟲薄砂岩帶不見了，岩石紀錄中有個空缺，或者稱爲不整合面（**unconformity**）。在其他地方，岩石非常破碎斷裂，完全無法看出正確的細節。但那年夏天結束時，莫奇森相信他能沿著一條破碎的黑板岩和薄砂岩，從南邊的蘭代羅到什羅普郡中部的朗諾爾村（Longnor）。這條岩石清楚呈現上層和下層雜砂岩間的界線[48]。如果他的想法正確，現在就能把威爾斯分成兩個區域：北邊和西邊是年代較早的雜砂岩，南邊和東邊是年代較晚的岩石。

不僅如此，莫奇森過濾從雜砂岩採集來的五箱化石後，發現這些化石全都是海洋動物，包括許多種軟體動物、腕足動物、三葉蟲和珊瑚。裡面完全沒有生長在沼澤或陸地的樹木和蕨類，這些植物是含煤石炭紀岩石的特徵。莫奇森很清楚，地質學是工業革命的重要科學，所以對他而言，這個觀察結果具有重要意義：煤礦探勘工作可以排除威爾斯許多地區。他也可以建議雜砂岩地區的所有地主，鑽挖探勘孔只是再浪費錢。

至於雜砂岩的奧秘，對莫奇森而言已經解開。黑三葉蟲薄砂岩清楚呈現雜砂岩兩個系統間的界線。他現在開始策畫要針對上層雜砂岩寫出一本「巨著」。接下來要做的就是找出他曾經停下來的地方，沿著上層和下層雜砂岩間的界線，從什羅普郡中部一路向北到愛爾蘭海。這麼做看來相當簡單。

此時他和其他人都沒料想到，他的想法其實大錯特錯。

CHAPTER 4

歷史新頁：寒武紀和志留紀

（1834～1835年）

一八三四年六月初，塞吉維克和莫奇森跟著大批夏季遊客前往大馬爾文（Great Malvern），享用這個溫泉鎮著名的「水療」。這種養生方式包括每天洗冷水浴、運動和飲食控制，聽起來相當嚴酷，但據說能治療疲勞、胃病等各種疾病。他們的計畫是驗證他們前一年的發現，再次澈底探究什羅普郡到愛爾蘭海之間的上層與下層雜砂岩界線剩餘部分。這是他們第一次一起考察威爾斯岩石，如果成功的話，將可奠定這個地區第一份綜合地質圖的基礎。

他們兩人很清楚，地質學界都在關注著他們。幾個星期前，劍橋哲學家及倫敦地質學會主要成員威廉．惠威爾（William Whewell）寫信給莫奇森的妻子夏綠蒂，半開玩笑地勸她：「早點跟他們一起去，免得他們打起來……如果他們對兩個部分的交接沒有達成共識，結果恐怕會這樣。」[1]

他們離開大馬爾文，前往赫福德郡的市集城鎮萊德伯瑞（Ledbury）。他們在附近的採石場發現石灰岩和頁岩帶，代表莫奇森上層雜砂岩的頂層在這裡。他們慢慢向西穿過布雷肯比肯斯和威爾斯南部，沿著上層雜砂岩和上方老紅砂岩的交界線移動。莫奇森先前曾經紀錄過這條界線，他們兩人也都認爲雜砂岩和第二紀岩石在這裡交會。

三天後，他們到達藍多弗瑞（**Llandovery**）和托威河谷（**Towy valley**）高低起伏的牧草地，在河邊某些地方，傾斜或垂直的地層清楚呈現黑三葉蟲薄砂岩位於「藍石灰質板岩」岩層上方，很像塞吉維克下層雜砂岩的藍灰色板岩。他們從莫奇森上層雜砂岩的上方到了下方，找到它潛入塞吉維克下層岩石系統的接面。

莫奇森後來指出，塞吉維克「極盡能事地挑剔我的排列」，不過「也證實我先前的所有看法，原本這些看法圍繞著很多難題，令我很緊張」[2]。可能讓他們兩人驚訝的是，兩年前他們隨意劃分的岩石範圍，似乎正好符合實際上的地質區別。莫奇森的「上層」系統似乎就位於塞吉維克的「下層」系統上方。

他們一行人轉向北，經過「非常窄的小路和陡下的山丘」[3]，沿著莫奇森前一年的路線，追蹤出現在河谷和小採石場的黑三葉蟲薄砂岩露頭。他們全力工作，不到一個星期，已經確定上層和下層雜砂岩之間的界線從威爾斯南部延伸到什羅普郡，正是莫奇森前一年畫下的線。六月底，他們來到柏文山陡峭的山坡上，而且就在兩片田野工作區域的交界處。

他們在這裡碰到第一個問題。小村莊梅佛德曾經是柏文山脈南側的宗教中心，在附近的採石場裡，他們發現一層砂質石灰岩和頁岩，看起來很像莫奇森的「貝殼砂岩」。這層岩石由石灰岩塊構成，周圍是頁岩和砂岩，而且其中的化石種類、特徵幾乎完全相同。然而對塞吉維克而言，它看起來非常類似他兩年前在吉力格林發現的石灰岩塊層，當時他把這層岩石歸類爲「巴拉石灰岩」。此外，他還預測巴拉石灰岩潛入「蒙哥馬利背斜」東側下方後，會在這裡再度出現。看來他們兩人都聲稱自己擁有這層岩石的主權。他們兩人的系統之間是否可能有重疊，只是以前一直沒有發現？但如此一來，他們費心畫出的界線將變得沒有意義。

幾乎可以說是立刻，也沒有激烈爭執，塞吉維克就退讓了，而且友善地把梅佛德的砂岩歸入上層雜砂岩。他們的對話沒有留下紀錄，所以我們沒有機會得知他爲什麼這麼快就讓步，他這麼做代表必須重新思考下層岩石系統。

不過危機解除之後，他們兩人繼續深入柏文山更高的地方，探尋塞吉維克所說年代更早的岩石。他們似乎沒有停下來研究米提爾賽瑞格隘口附近的巴拉石灰岩，而是直接翻過荒涼的柏文山頂，再沿著之字形山路走下山的西側，到吉力格林觀察塞吉維克的巴拉石灰岩。在這裡翠綠的橡樹、楞樹和樺樹下，他們碰到了第二個問題。對莫奇森而言，這道石灰岩塊看來非常類似他們剛剛歸入上層雜砂岩的梅佛德石灰岩。那裡也有相同結構的石灰岩柱，其中的化石種類、特徵幾乎完全相同，有三葉蟲、腕足動物和海百合。但他們兩人認爲現在應該已經走出上層雜砂岩的界線，而且一定在年代較早的塞吉維克下層雜砂岩區域。的確，他們兩人都沒想過，柏文山可能不是下層雜砂岩。這又是一次危機，我想像他們敲下風化的表面岩石，觀察剛剛露出的石灰岩，思考著它的成分是什麼。如同在梅佛德一樣，他們先前一致同意的事情，開始顯得不確定。當天晚上吃晚餐時，他們一定在納悶著是不是要進行大規模的再評估。

其後幾天，他們不斷在周圍山丘尋找解答，但沒有結果。最後，我們只能猜測應該是在經過了十分焦急的討論後，他們才（勉強可以算是）取得共識。他們提出「貝殼砂岩」和梅佛德石灰岩屬於同一層岩石，但吉力格林的巴拉石灰岩雖然非常相似，卻是年代較早的不同地層。坦白講，這是無稽之談，是缺乏科學基礎的折衷說法。後來一位評論家寫道：「現在兩位地質學家都無法判定兩者間的不同之處」。但他們似乎都同意「尊重彼此的不成文領土權」[4]。由於這個紳士的岩石劃分方式，塞吉維克和莫奇森得以保留他們的上層和下層系統，模糊地相信未來可以研究出細節。

柏文山以北是塞吉維克負責的區域，完成界線圖的工作現在落在他的身上。這裡的化石非常少，包括莫奇森在南邊用來當成標記的黑三葉蟲薄砂岩。不過，莫奇森早就習慣研究化石紀錄極少的岩石，而且已經在考慮另外一種方法。

	一八三三年的共識	一八三四年的可能重疊
「莫奇森的上層雜砂岩系」	拉德洛與溫洛克石灰岩	拉德洛和溫洛克石灰岩＝柏文板岩
	貝殼砂岩	貝殼砂岩＝巴拉石灰岩
	（包含某些石灰岩）	
	黑三葉蟲薄砂岩	黑三葉蟲薄砂岩＝史諾登尼亞板岩
「塞吉維克的下層雜砂岩系」	柏文藍板岩	
	巴拉石灰岩	
	史諾登尼亞板岩	

圖4.1　危機時刻到來。如果莫奇森的貝殼砂岩和塞吉維克的巴拉石灰岩相同，代表他們兩人的系統明顯重疊，因此必須重新思考他們提出的地層柱狀圖。

幾年來，他一直在研究法國著名地質學家尚巴蒂斯特．艾利．德．波蒙（**Jean-Baptiste Élie de Beaumont**，以下稱波蒙）的構想。波蒙是法國礦場總工程師，法國政府指派他監修法國第一份地質圖，他非常支持平行論（**parallelism**）。這個理論的基礎是：地球曾經是灼熱的球體，後來漸漸冷卻縮小。在冷卻過程中，地球表面發生一連串迅速劇烈的收縮過程，因此產生一連串山系，每個山系是一次收縮產生，每次收縮在地球表面上的方向大致相同。波蒙由此推測，方向軸相同的山一定屬於地球史上的同一時期。此外，方向軸不同的山則一定源自不同的收縮，因此屬於不同的時期。

這個假說純屬猜測，且頗具爭議性，但塞吉維克認眞看待，而且他在威爾斯北部，所以把這個理論運用到他周圍的山丘[5]。從那裡到柏文山，地層帶似乎大致呈南北走向。但他到達湯瑪斯．泰爾福德（**Thomas Telford**）的「愛爾蘭」幹線道路（現在的A 5公路）時，公路切穿山丘東側，地層方向似乎改變了，從南北走向變成東西走向，代表它們的年代不同。

塞吉維克再度踏上艱苦的旅程，橫越空曠的泥炭沼荒野。石楠、苔蘚和莎草一路延伸到地平線。他在岩石露頭間移動時，松雞在他面前飛起。他偶爾遇到廢棄的小採石場，裡面的岩石已經被挖走，用來建造房屋或田地邊界。他艱苦地通過空曠的泥炭沼地，發現「一條非常曲折的線」穿過地層方向改變的山丘。這條線沿著柏文山東側向北走，在開採板岩的格林塞里奧格（**Glyn Ceiriog**）附近，突然轉向西，穿過阿雷尼格斯（**Arenigs**）山區，在康威河谷重新轉向北，最後在科爾溫灣（**Colwyn Bay**）附近進入海中。

在這趟艱苦行程中的某個地方，塞吉維克似乎也做出了重要推論。柏文山地被視爲「屬於」他的下層雜砂岩，因此也是威爾斯最古老的山地，北邊的岩石以及方向不同的地層，年代一定比較近，而且屬於莫奇森的上層雜砂岩。就在這一瞬間，他發現了上層和下層雜砂岩之間的界線。

塞吉維克畫出一份威爾斯地圖說明這件事。莫奇森非常得意。歷經三年辛苦（甚至可說英勇）的田野工作，使得原本沒有明顯區別的雜砂岩··也就是威廉·史密斯原版英國地質圖上的「赤砂岩和變輝綠岩」和「基拉岩與板岩」（基拉岩··**Killar**，見第一章），現在已經細分成不同的類別並測繪完成。威爾斯的「過渡岩」已經分成上層和下層雜砂岩，而且儘管某些地方有點困難，但南邊的黑三葉蟲薄砂岩和北邊德波蒙的「抬升軸」似乎都已清楚標出兩者之間的界線。莫奇森寫信給威廉．惠威爾，說明他們「已經分道揚鑣但關係友好……以兩人都滿意的方式，把各自上層和下層研究結果結合起來」[6]。

現在只剩下一個問題有待解決：他們決定的上層與下層雜砂岩間的界線非常隨意，只反映出他們選擇探究不同的區域。貝殼砂岩和黑三葉蟲薄砂岩屬於上層或下層雜砂岩，其實只是界線位置的問題。上層或下層似乎也沒有特定的內在邏輯，只是為了方便描述。有某一次莫奇森曾經提出，上層雜砂岩的特徵是某種獨特的化石種類與特徵，但他的貝殼砂岩和塞吉維克的巴拉石灰岩中的化石非常相似，因此這個想法很難成立。

波蒙現在提出了另一項貢獻。他聽說了他們在威爾斯的工作，因此在一八三四到一八三五年冬天畫出過渡岩的想像圖，以及塞吉維克和莫奇森兩個系統之間的關係。藉此，他在岩石紀錄中標示出上層雜砂岩底部與下層雜砂岩交接處，以及上層雜砂岩頂部和第二紀岩石的老紅砂岩交接處的分界，也就是「不整合面」。波蒙的圖純粹只是想像，沒有系統化的地質研究為依據，但莫奇森看到這張圖時，覺得它完全符合他的需求。

這張圖指出，在上層雜砂岩的頂部和底部，地球表面狀況的劇烈變化造成岩石沉積作用改變。這個劇烈變化可能是氣候變遷造成海平面下降，或是地球表面深處的活動造成陸地上升。對莫奇森而言，這些都不重要。它代表上層雜砂岩不只是地層的隨機組合，而是地球歷史上一個明確又淸楚的時期，前後都是劇烈變化。兩年前隨意劃下的岩石分界，現在變得重要許多。這個明確的地質時期顯然和前後時期都不一樣。

當年十二月，在倫敦地質學會的會議上，莫奇森宣布拋棄「上層雜砂岩」這個名稱，改成更符合新地位的名稱。他把這個時期命名爲「志留紀」（Silurian），這個名稱源自曾經生活在威爾斯邊界的凱爾特部落志留人（Silures）。他後來解釋：「我認爲所有以礦物或化石的特徵命名的地質名稱，都令人不滿意，如果用古怪的希臘文名稱更糟。因此我認爲，命名取自這個分類出現的地區，使每個人都看得出它的眞實性，而且聽起來又貼切的名稱最爲理想。」[7]

志留人非常擅於軍事和戰爭顯然也是因素之一。的確，幾年之後，莫奇森讚揚他們的族長卡拉塔庫斯是「足智多謀又英勇的領袖」。這件事的意義，其實不只是找出適合的名稱這麼簡單而已。

莫奇森的軍旅生涯結束後，一直在尋找人生目標。這個目標是投入某件事情，讓他在社會上得以立足、受到尊敬。他終於找到了這個目標。他爲上層雜砂岩命名，同時擁有了這些岩石和它們代表的意義。他現在不只是「進攻」這些岩石，而是併吞了它們。他在信件和著作中越來越常提到「我的」岩石、「我的」雜砂岩。此外，現在他對自己的發現有充分的信心，可以考慮出書發表。他希望早就承諾要和科尼貝爾一起爲過渡岩撰寫書籍的塞吉維克可以跟他合作，三個人一起發表一系列完整的過渡岩記述。但當年冬天，塞吉維克有其他重要事務，暫時把雜砂岩放在一邊。

一八三四年十一月，塞吉維克在財力雄厚的諾里奇（**Norwich**）大教堂獲得了一份兼職工作機會，將可大幅改善他的財務狀況。近十五年來，他僅靠伍德沃德講座和夏迪坎普斯（**Shudy Camps**）村莊教堂兼職工作的微薄薪水，過得相當辛苦。諾里奇的職位稱爲受俸牧師（**prebendaryship**），其實是兼職，可讓他的薪水增加六百英鎊，是伍德沃德講座薪水的六倍，相當於今天的三萬五千英鎊（約合新台幣十四萬），而且每年只要工作兩個月。不只如此，這兩個月的工作正好落在十二月和一月的冬季期間，這段時間最不適合進行地質田野工作。

塞吉維克「毫不遲疑地」抓住這個機會[8]。當時他四十九歲，有生以來第一次能靠收入生活得很舒適。但這也代表一八三四到一八三五年冬季，莫奇森以他探討志留系的「大書」向前邁進時，塞吉維克還在諾里奇，做著他所說日復一日持續不斷的公眾事務，一開始是沒完沒了地在「寒冷空曠的大教堂」裡主持清晨禮拜到中午，接著是第二次漫長的儀式。他告訴莫奇森，這些工作使他「累得跟狗一樣，不適合做研究」[9]。

而在二月初的劍橋，生活也沒有比較平靜。塞吉維克抱怨道：「我回來之後一直忙得不可開交。講課、大學事務、待回的信件、令人不快的國內消息……更糟的是我面前的工作永遠沒辦法做完的壓迫感。」[10]痛風和風濕熱經常發作，每每使他連續好幾個星期無法下床，更加深工作過度的感覺。爲了治療這些疾病，他投入更多時間實驗當時風行的各種療法，其中之一是「去燃素」（**dephlogistication**），方法是飲用大量的水，藉以沖走體內的「燃素」（**phlogiston**）。當時認爲燃素是火的必要物質，因而也與發熱和高溫有關。

對他的同事而言，塞吉維克儘管有其他工作，但如同一位同事所說，他顯然「在心智上完全不具自制力」。「他沒辦法不看或不聽周遭的事物」，結果，雜砂岩地質話題「被長期擺在一邊，因爲他……放任自己被其他事物吸引，偏離眞正的人生目標」[11]。

這些「其他事物」之一是資深大學訓導員的職位。這個工作類似大學警察，負責監督言行和道德，範圍不只是學生，還包括當地居民。他寫信給莫奇森說：「看看我！我現在有了新角色，趾高氣揚地走來走去，看起來十分威嚴。穿戴著帽子、長袍、聖袍，還有兩條好大的帶子，爲非作歹的學生見了都怕。簡而言之就是道德清道夫。」[12]「清掃」工作往往持續到深夜。另一位訓導員的日記中有一段紀錄例行公事的內容寫道：「今天晚上十一點，韋伯把我叫出來到切克斯酒吧，跟他一起到喬治巷平息一場騷亂。」後來在回家途中，他們又遇到「行爲不檢的蕩婦」，日記描述，「她要不是碰到我，應該會被送進拘留所。我上床時已經一點鐘了」。[13]實在令人不可思議，取締「深夜女郎」竟然成爲塞吉維克的工作之一。另一段記述寫道：「塞吉維克巡邏時，流浪女性一個都逃不掉。他的目標是澈底消滅、剷除這些可憎的女性。」[14]

或許眞的如此。幾年之前在什魯斯伯里，塞吉維克和達爾文三個未婚姊妹相處還算融洽，年輕的達爾文曾經開過關於「塞吉維克太太」的玩笑。三年之後，朋友們還在猜測。他們兩人造訪什魯斯伯里後，莫奇森在給朋友的信中開玩笑地說：「他有沒有愛上什魯斯伯里的姑娘，只有他自己知道，但我可以保證有一整屋子的姑娘爲他神魂顚倒。我們分開之後……發現他把漂亮的棕色大衣忘在這幾位女性居住的房子裡，所以我讓他回去拿那件舊衣服，或許順便留下他的心。」[15]

其實不是這樣。朋友說他如果結婚「會快樂得多，而且能爲地質學貢獻更多」[16]。但塞吉維克似乎卽同時希望有女性陪伴，但同時對女性感到警惕。他可能是爲了避免適婚女性造成的「威脅」，所以在對抗病痛和巡視劍橋街頭之外，花費許多時間和朋友的妻子和女兒，以及自己的幾個姪甥女通信[17]。他寫信給其中一位時說：「我是不是寫了很長的閒聊信給你？」[18]寫給另一位時說：「我眞希望你能跟你媽媽和安妮一起過來……以你溫柔的眼神鼓勵我，再回家協助我喝茶。」[19]

由於這些耗費精神的疾病、自我藥療、通信和「道德清道夫」的工作，直到一八三五年三月，塞吉維克才終於得以寫下他在威爾斯的某些發現。

最重要的是一份論文，探討在威爾斯北部等地區讓人感到十分疑惑的現象。地質學家在這些地區發現，塌下的板岩懸崖被幾千條非常接近的平行脆弱線劃分，這裡的岩石自然分成薄片。它們看來大致類似沉積岩的特徵地層，但和鄰近岩石的地層帶方向沒有關係，而且在許多狀況下覆蓋或遮掩它們。地質學家好奇，這究竟是什麼岩石？又是怎麼形成的？

這篇新論文的標題相當長：〈論大型礦體的結構，並聚焦層狀岩石沉積後在不同時期聚合所造成的化學變化〉（**Remarks on the Structure of large Mineral Masses, and especially on the Chemical Changes produced in the Aggregation of Stratified Rocks during different Periods after their Deposition**）。在這篇論文中，塞吉維克解釋，它們看起來很像地層，其實完全是誤導。它們的原因不是沉積作用，而是地殼內部的極端高熱和壓力。高熱高壓改變已有砂子和泥岩層的成分。這個變質作用使岩石中的顆粒排列整齊，形成平行的脆弱線或平面。這些顆粒原本可形成隨機結構，把岩石「固定」在一起，變質後則自然分裂。爲了區分這類岩石和地層，塞吉維克直截了當將它命名爲板岩劈理（**slatey cleavage**）[20]。就增進對威爾斯北部岩石的了解而言，這是重大進展，但對於讓塞吉維克了解下層雜砂岩概況，則只有少許幫助。

朋友們沮喪地旁觀著。那年春天，萊爾寫道：「S要我跟他一起走路回家。」塞吉維克希望能寫些東西，但「我發現他臉上有股不尋常又明顯的沮喪感」[21]。有人質疑他對這次合作的投入程度。萊爾繼續寫道：「我很確定這個工作一年內無法完成，兩年可能也完成不了。他優異的能力沒有地方可以發揮……事實上，一個人要在科學上成功，必須像律師一樣專心致志，而且必須擁有的不只是天賦。」[22]

莫奇森急於在倫敦的科學和文化界取得一席之地，因此也開始覺得這次合作令人沮喪。他一直希望塞吉維克能貢獻地質專門知識，但現在這個合作關係因塞吉維克的拖延而令人感到厭倦[23]。他在當時頗具地位的科學期刊《哲學雜誌》（*Philosophical Magazine*）上一再說明上層雜砂岩的概要，並且斷定「我朋友S教授一定很快就會破除籠罩在……

（下層雜砂岩）的迷霧」[24]。但不久之後，他急著想弄清楚整件事，因此抱怨道：「我無法得知他的看法，也不知道如果不強迫他，他是否會堅持下去。」[25]

莫奇森持續施壓將近一年後，到了一八三五年夏天，兩人終於在都柏林舉行的不列顛科學促進會（**British Association for the Advancement of Science**）年會上發表聯合論文。地質史學家馬丁．拉德維克（**Martin Rudwick**）寫道：「這兩位地質學家被分配到最大的會議室，而且一如預期，他們這一段最受矚目。莫奇森和賽德維克把他們的聯合論文保留到最後一天，當作那個星期的最高潮。」[26]他們在這裡公開宣布把雜砂岩分成兩個地質時期，莫奇森的上層雜砂岩是志留紀，塞吉維克的下層雜砂岩是寒武紀（**Cambrian**），名稱源自威爾斯的羅馬式地名。這個字貌似是他隨口說出來的，但其實是經過深思熟慮的。[27]

這篇論文還包含一張更完整的地層表。這張表整合他們原有的兩張表，重新命名某些地層，讓它們更獨特。莫奇森的拉德洛石灰岩和溫洛克石灰岩分成兩個類別，貝殼砂岩改成比較易記的卡拉多克砂岩（**Caradoc Sandstone**），名稱源自曾經相當繁榮的療養勝地徹奇斯特雷頓（Church Stretton）附近的卡爾卡拉多克山（Caer Caradoc）。莫奇森是在徹奇斯特雷頓的採石場發現這種岩石。黑三葉蟲薄砂岩改成蘭代羅薄砂岩（Llandeilo Flags），名稱源自莫奇森第一次看到這種岩石的威爾斯小鎮。塞吉維克後來在一次會議上說，一個地質上的「未知領域」已然成爲「已知的地區，儘管剛剛發現不久，卻已具備應有的規則性以及可供進一步了解的線索」。[28]

這份論文被譽爲重大成就。塞吉維克告訴他的弟弟約翰，這份論文獲得「極大的歡迎，使以往的會議都爲之遜色」[30]。新類別很快就產生重要結果。如果寒武紀和志留紀確實代表不同的地質時期，那麼它們應該不只出現在英國，而會出

上志留紀	拉德洛岩
	溫洛克石灰岩
下志留紀	卡拉多克砂岩
	蘭代羅薄砂岩
上寒武紀	柏文山高層岩石 / 威爾斯南部板岩
	巴拉石灰岩
中寒武紀	卡納封郡與梅里昂斯郡的高山，包括史諾登尼亞
下寒武紀	安格雷斯和卡納封郡南部的雲母片岩

圖 4.2　莫奇森和塞吉維克共同完成的雜砂岩層表，發表於一八三五年不列顛科學促進會在都柏林舉行的會議[29]

現在世界各地。

幾乎在此同時，歐洲大陸的地質學家開始把這些新類別應用在斯堪地那維亞到西班牙各地的岩石。威爾斯的一小片區域成爲世界其他地區的範本或標準剖面（**type section**）。在牛津擔任與塞吉維克相同職務的威廉·巴克蘭（**William Buckland**），則把這些類別套用於他在法國阿登（**Ardennes**）地區探勘的岩石。波蒙也開始用這些類別區分法國其他地方的岩石。地質圖編製者及倫敦地質學會會士格林諾，把這個概念帶到德國一項會議上。美國的地質學家更開始修改自己的概念，以便符合新類別。

人類對地球史的了解，更加深入到未曾抵達的過往。塞吉維克和莫奇森成爲道地的維多利亞時代英雄。他們漫長艱辛地穿越威爾斯山地，在某些人眼中十分英勇的長途跋涉，塑造出地質學既迷人又浪漫的科學形象。

但要怎麼強化他們的成就？這兩個系統如果能適用於每個地方，讓世界各地的地質學家都能清楚辨識，就格外具有重要性。對莫奇森而言，要達到這個目標，最好的方法是以湯瑪斯·路易斯（**Thomas Lewis**）的成果爲基礎，爲每個志留紀地層建立清楚的化石紀錄，稱之爲雜砂岩的「以化石爲基礎的地層學」。爲此，他的志留紀岩石論文中，詳細說明每個新命名地層的相關化石指紋。在判斷外觀看來相當不同的卡拉多克砂岩層的關係時，這點格外有用。

對塞吉維克而言，這項工作更加困難。他對化石的重要性毫不懷疑。的確，他在劍橋的伍德沃德講座教授職位，原本稱爲「化石教授」，而且他每年持續爲伍德沃德博物館收購和蒐集標本。但他在地質學上投入許多時間，考察威爾斯北部、坎布里亞（Cumbria）和湖區等山地。這些地區以極難找到化石著稱，他也逐漸習慣以岩石地層的種類和位置辨識及判定關係。一八三二年，他以這個方法描畫了威爾斯北部的截面。前一年，他也用這個方法，並且藉由波蒙的平行論，找出上層和下層雜砂岩之間的界線。事實上，除了巴拉石灰岩之外，他很難找到寒武紀時期岩石的化石指紋。

塞吉維克與莫奇森兩人側重點的不同，在一八三五年夏天時尚還不大明顯。莫奇森也以地層的結構和岩石種類判定它們的關係，塞吉維克也盡可能地蒐集化石。但當世界各地的地質學家，也開始尋找寒武紀和志留紀岩石範例時，簡單的「化石地層學」概念，就變得愈來愈具吸引力。它似乎提供了清楚客觀的地層分類方法，這個方法克服了變化多端的外觀，也不需要了解一個地區的地質結構。有個同時代的人寫道，「彷彿全能的造物者，以各不相同的印章，印下每個生物年代」[31]。莫奇森更開始愈來愈堅持，完全以化石紀錄爲本的地層學。與每個志留紀地層有關的獨特化石指紋，似乎都證實了他的信念，相信每個地層代表地球生物史上的特定時刻。塞吉維克對岩石結構基礎重要性的堅持，開始愈來愈顯得過時。

另一方面，寒武紀岩石明顯缺乏化石紀錄，也產生另一個有趣的可能性。生物本身是否可能出現在寒武紀和志留紀之間的某個時刻？確實，我們是否能在寒武紀和志留紀交界的某個地方發現生物存在最早的證據？這個問題使原本曖昧不明的爭議變成更多人感興趣的主題。莫奇森或許就是在這種等待觀眾的感覺鼓勵下，在他研究志留紀岩石的書中提出計畫書。

在假意謙遜下，他告訴同事：「朋友法蘭克蘭德．路易斯爵士指出，他不應該滿足於《倫敦地質學會會刊》（*Transactions of the Geological Society*）的一小群讀者，而應該吸引更廣大的群衆，另外寫一本書，介紹他的英格蘭和威爾斯古岩層研究。」[32]可以確定的是，莫奇森非常樂意接受這個建議。當年十一月，他吸引了八十多人預訂，包括路易斯爵士、鮑伊斯伯爵、愛德華．赫伯特，每人提供的贊助相當於現在的數百英鎊，來支持這本書出版。

但當莫奇森招徠衆多預訂者的同時，他提出的志留系系統，其整合性一直沒有完全確立下來，因而接下來將會遭遇到重大挑戰，而且挑戰者讓人完全意想不到。（編按：志留「紀」，指地質年代，志留「系」，則指屬於該年代的地層系統。）

CHAPTER 5

泥盆紀爭議

（1835～1840年）

圖 5.1　一八一九年，亨利・德・拉・貝什二十三歲時。

亨利・德・拉・貝什（**Henry De la Beche**）是英格蘭西部狂熱的年輕地質學家，跟莫奇森有許多共同點。他出身富有的西印度群島蔗糖農場主家族，在牙買加擁有一千八百多公頃田產。一八一〇年，他十四歲時被送到大英帝國首屈一指的軍校，位於大馬洛，正是少年莫奇森幾年前就讀的軍校[1]。但十多歲的貝什相當叛逆，一年後就因為在學生間鼓動「危險的雅各賓思想」而被退學[2]。後來這個家族搬遷到海濱勝地萊姆瑞吉斯（**Lyme Regis**），位於多塞特郡荒涼又有大量化石的侏羅紀時期海岸。自由又富有的貝什開始駕船、追求女性、蒐集化石，經常和當地年輕女性瑪麗・安寧（**Mary Anning**）在一起，瑪麗・安寧後來成為英國著名的化石收藏家[3]。

十九世紀初期一首作者不詳的諷刺詩〈萊姆亞德〉(Lymiad)描述萊姆瑞吉斯的生活，當中提到「法普靈・化石爵士」(Sir Fopling Fossil)的活動：「他主導著活動，年輕的少女在一旁遞上舒適的躺椅。」許多人認爲講的就是年輕的貝什。

他是最有教養的青年
若事實果真如費姆女士所述
而我除此之外無話可說
但有些熟識法普靈爵士的人
告訴我他是倫敦地質學會會士

但優渥的慵懶生活沒有持續很久。一八三〇年代初期，大英帝國新法律禁止各地蓄奴，重擊甘蔗農場的獲利，貝什的金錢來源逐漸枯竭[5]。他和莫奇森一樣轉向地質學發展，很快就成爲頗受敬重的化石收藏家和插畫家，大多靠瑪麗・安寧協助。

塞吉維克和莫奇森開始在威爾斯工作時，貝什也有了新職位，在英國軍需處（軍備測量局的前身）任職[6]。他的工作是運用曾受過訓練的地景圖、地形學和軍事測量等技能，在德文郡、康瓦爾郡和薩莫塞特郡西部進行首次詳細的地質調查，在這些地區的地圖上以不同顏色標出不同的岩石，完成後可以獲得三百英鎊報酬。

其後幾年，貝什從德文郡南部的石灰岩懸崖開始，有條不紊地朝北方推進。這個區域和威爾斯大致類似，有面積很大的板岩和雜砂岩，當中夾雜著花崗岩露頭。貝什朝北方移動時，也注意著塞吉維克和莫奇森在威爾斯的工作，想從其中學到可用的東西。一八三四年，他來到德文郡北部的漁港拜德福德（**Bideford**）。在這裡，托里奇河（**River Torridge**）從長滿樹木的低矮河岸間流入布里斯托海峽。他在這裡發現一道小小的礦層，成分是一種黑黑亮亮的煤，稱爲粉無煙煤（**culm**），是比較不純的無煙煤。

貝什沿著這條採礦縫進入內陸，在田野紀錄中寫道：「無煙煤露頭上的舊（煤）坑十分常見，所以在這裡各處都很容易觀察岩層。」採礦縫大多狹窄又不平整，許多礦坑開挖不久就被廢棄[7]。但讓他驚訝的，不是廢棄礦坑出現的頻率，而是這些煤似乎位於雜砂岩中央。此外同樣令人驚訝的是，這些雜砂岩中有蕨類和木賊化石碎片。這些植物生活在草澤中，通常與年代較近的石炭紀岩石有關。依據莫奇森在威爾斯的研究，這些現象應該都不可能出現。莫奇森的化石證據顯示，雜砂岩形成時，地球上應該只有海洋生物。幾年之前，莫奇森曾經在倫敦地質學會的一次會議上明確表示，雜砂岩中沒有陸生植物，因此在雜砂岩地區探勘煤礦是浪費時間。

這項發現十分出乎意料，而且這些化石碎片相當少，因此貝什懷疑是不是自己弄錯。他把這些碎片寄給曾參與撰寫權威性《植物百科全書》（*Encyclopedia of Plants*）的倫敦大學植物學教授約翰·林德利（**John Lindley**）[8]。林德利的答覆十分明確：這些化石和英國石炭紀煤田中發現的植物殘骸完全相同。莫奇森對威爾斯雜砂岩的看法不正確。

一八三四年十二月，貝什在倫敦地質學會會議中正式宣布這項發現。他負擔不起坐驛馬車到倫敦的費用，所以寫信給朋友，也就是地質圖編製者喬治·格林諾，在信中簡要敘述他的發現。貝什在這封信裡證實了「無煙煤和化石植物……一定來自雜砂岩不可分割的部分」[9]。

莫奇森不打算輕易放棄爭論。當年夏天稍早，他詳細介紹志留系時，已經默默忽略了德文郡粉無煙煤[10]。貝什公開發表煤和化石的存在，使他的策略完全失效。莫奇森不懷疑林德利的說法，化石碎片確實來自石炭紀植物，只是無法相信它們出自雜砂岩。他認爲貝什一定弄錯了。第二天，格林諾告訴貝什：「你的拜德福德論文昨天晚上引起非常熱烈的討論。」格林諾這麼說：

莫奇森率先發難，表達他的詫異：「經驗如此豐富的地質學家（指貝什）竟犯了這麼大的錯誤，誤以為桌上的樣本和過渡岩有關。」但當場並沒人站在莫奇森那邊，所以我大膽斷言，你沒有犯莫奇森硬拗的什麼錯誤，而且莫奇森自己也承認他從來沒有看過那裡。再者，你也已經審慎仔細檢查過這個發現。如果要贊同抽象推論結果，卻背離實際觀察到的現象，這不符合我們學會一貫作風[11]。

依據一段記述，這次會議變得「非常熱烈，來賓很可能覺得這個學會廣受稱道的自由爭論習慣已經失控」[12]。幾天之後，一位學會秘書愛德華．透納（Edward Turner）寫信給貝什：「關於你在雜砂岩中發現的煤和化石，星期三的討論變得亂七八糟、難以收拾……莫奇森說他其實從來沒看過那個地方，但依然堅持己見宣稱，這些化石和一般煤礦的化石完全相同，所以你發現的煤也屬於石炭紀層[13]。」

對莫奇森而言，這個發現不只是學術議題，還有經濟上的意義。他自豪於他能警告雜砂岩地區的地主，探勘煤礦是浪費時間，其中有許多還是他的朋友。但在英格蘭西部這裡，煤和雜砂岩似乎可能同時出現，使英國值得探勘的區域擴大許多，也使可能坐擁財富的地主增加許多。幾天之後，莫奇森寫信給貝什，強調他多年來的雜砂岩研究成果：

> 並未發現任何植物片段類似石炭紀年代的植物……你觀察到的狀況，是以不正確的形式呈現（的岩石），甚至可能誤導像你這麼優秀的地質學家。如果你看到的狀況屬實，將違反所有依據地質學原理訂定的採礦規則。我知道威爾斯人很熱中於挖掘煤礦，他們或許會立刻再次拿起十字鎬，在史諾登四處挖掘，尋找拜德福德的煤。

這使貝什的處境變得有點尷尬。莫奇森在地質界是頗具影響力的人物，他指出貝什可能忽略粉無煙煤位於雜砂岩頂端的一層石炭紀岩石中，嚴重威脅他身為地質學家的評價。但現在他比以往更需要認眞面對這件事：牙買加的糖產收入越來越少，軍需處的酬勞又不夠支應他的生活費。貝什當時三十八歲，開始感到捉襟見肘。他或者必須回牙買加挽救日漸減少的收入，或者必須在英國尋求比較固定的金錢來源，最好是軍需處的正職調查員。莫奇森的強力抨擊使他的能力遭到質疑，而他此時非常需要肯定。

所以貝什焦急地往返拜德福德好幾次，確認他的發現。公認的地層表指出，在雜砂岩和含煤岩石之間，應該有常見的老紅砂岩層，以及石炭紀石灰岩和一層磨石粗砂岩（Millstone Grit）。如果沒有這些岩層，至少也應該有不整合現象。但貝什仔細檢視粉無煙煤層周圍的岩石，並沒有看到這些岩層的徵兆。含有植物化石的粉無煙煤層，似乎確實穩定地出現在連續且整合的雜砂岩層序中。他沒有弄錯。

這不只對莫奇森志留系的確實性是一記打擊。如果德文郡岩石包含的化石指紋確實和威爾斯的岩石不同，它們可能打亂莫奇森打算建構化石地層圖的整個想法。

幾星期後，莫奇森再次寫信給貝什，表達他的疑慮。他指出：「這是以你的推論作爲基礎，所得到的結論：以後地層將無法以化石辨識了。」塞吉維克一向不那麼重視化石在地層學中扮演的角色，也寫信給貝什，語氣似乎還帶著點高興：「化石學家要發瘋了……如你所知，莫奇森研究過一連串含有化石的上層雜砂岩，在其中沒有找到煤礦植物，因此自己斷定其他地方也找不到植物。」[14]

一八三六年七月，莫奇森決定自己去看看。他說服塞吉維克一起前往。兩人花費了幾天時間，到達德文郡北部一處沒落的漁港邁恩赫德（Minehead）[15]。他們短暫停留，探查城鎮附近的山脊，沿著陡峭的之字形山路，穿過茂密的樺樹和橡樹林，判定它們都是「老雜砂岩」或寒武紀，最後向西穿過德文郡北部海岸開闊的泥炭沼地。陸地驟然潛入布里斯托海峽，狹窄的小路轉入山坡，沿著英國最壯觀的懸崖行進。地平線上，威爾斯南部山地出現在水的另一邊。

他們兩人帶著一八二〇年格林諾地質圖的當地頁面，以及貝什所繪比較新近的大比例當地地圖。莫奇森曾經公開對貝什的地圖表達輕視。他抱怨：「貝什地圖這個部分十分糟糕，忽略了一半的石灰岩。」[16]但貝什的地圖詳細呈現出採石場、路塹和海岸懸崖的位置，讓他們兩人快速走過這個地區。他們的計畫是迅速確認岩石種類，通常依據岩石外觀來辨識，盡可能採集化石，用於後續研究，同時盡可能快速前進。這個方式比較簡略，但他們兩人都不打算詳細調查這個地區的地質。他們的主要目標是讓這裡的結果和他們的威爾斯研究結果一致。

莫奇森急於證明貝什犯了基本錯誤，因此很快就回到倫敦，專心發展他的志留紀帝國。塞吉維克對雜砂岩裡的石炭紀化石沒那麼關心，但至少必須以化石指紋的概況來支持他的地層分類法，這個壓力愈來愈大。由於威爾斯幾乎完全找不到寒武紀化石，所以他非常希望同樣古老的德文郡和康瓦爾郡岩石會有比較好的收穫。他們測繪威爾斯岩石完畢後，兩人都認為那不算重大挑戰。

他們短暫停留在德文郡北部的港口林茅斯（Lynmouth）和伊爾弗勒科姆（Ilfracombe），這裡有新的大飯店提供最新的便利設施，也有精緻的小旅館爭相吸引比較喜歡冒險的維多利亞時代度假客。富裕的英國家庭原本多半到歐洲大陸度假，但拿破崙戰爭使這些家族在英國尋找新的度假勝地。德文郡這幾個小漁港被視為「宜人的夏季居所」和「游泳勝地」。

伊爾弗勒科姆之外，陸地起起伏伏。在砂質的海灣和出入口，海浪拍打著粗砂狀石灰岩懸崖，他們兩人發現岩石裡埋藏「海百合頭」。莫奇森曾經在什羅普郡山地的卡拉多克砂岩中發現類似的化石，代表這兩種岩石可能屬於他所謂的「下志留紀」。但這些岩石的紋理粗糙多砂，外觀看來比較類似威爾斯的寒武紀地層。他不得不斷定，它們可能屬於「非常古老的寒武紀」。[17]

他們繼續繞著有大片砂質海灘和沙丘的海岸行進，到達托河河口，他們在巴恩斯特波爾（**Barnstaple**）北邊郊區發現一層黑色貝殼石灰岩，看起來很像莫奇森的蘭代羅薄砂岩，代表他們正由北部海岸較古老的寒武紀岩石進入南邊巴恩斯特波爾附近比較新的志留紀岩石[18]。目前爲止一切順利，德文郡岩石，似乎大致符合他們的寒武紀和志留紀分類。

然而在巴恩斯特波爾南邊郊區，小路變成黑色且塵土飛揚，他們看到了貝什所發現的，令人感到棘手的拜德福德粉無煙煤。一段段又黑又亮的光滑岩石進入海中。莫奇森簡單檢視了一下，斷定它「完全不像雜砂岩序列的岩石」，但具備石炭紀岩石的所有特徵。

以地層學術語說來，這表示他們從巴恩斯特波爾北邊到南邊這大約八公里途中，在某個地方，從下志留紀的蘭代羅薄砂岩，進入到年代更晚許多的石炭紀煤系。但他們並沒有發現代表這兩個時期間長達數千萬年的地層，也沒有看到任何不整合面的標記。他們繼續向南離開巴恩斯特波爾，砂石小路「非常窄，連老鼠都沒辦法從馬車旁邊通過」[19]。他們安慰自己，不整合面可能位於托河河口附近，掩蓋在水和泥巴底下。

對喜歡大膽下結論的莫奇森而言，狀況現在似乎相當清楚。北邊是年代較早的雜砂岩，大多屬於寒武紀，接著似乎向南遞減。依據格林諾的地圖，南邊德文郡的岩石也是雜砂岩。綜合兩者可以得知，粉無煙煤一定在石炭紀低谷或向斜中，這個低谷或向斜又位於年代較早的雜砂岩中。石炭紀低谷在北方邊界形成不整合面，消失在托河河口下方。莫奇森很快地畫出這個地區的截面，標出石炭紀岩石低谷和不整合。他後來寫道：「我當時只能猜測的事實是，貝什從來沒有仔細觀察過自然界中的連續剖面（或地層）。」[20]接下來要做的，就只有找出低谷的南方邊界，驗證他的說法。

接下來幾天，他們兩人沿著德文郡北部海岸進入康瓦爾郡，來到荒涼的廷塔哲

（Tintagel）的懸崖。然而，這裡的岩石非常難以觀察。儘管莫奇森先前斷定粉無煙煤「完全不像」雜砂岩，但他們也發現極難分辨自己是否已經走出「石炭紀」低谷，進入南方的雜砂岩區域。莫奇森寫道：「從頁岩的碳質外觀，以及康瓦爾這段海岸與拜德福德兩種砂岩間的岩石結構差異極少這點來判斷，……我們猜測我們仍然位於石炭紀年代的沉積物區域。」[21]

更令人困惑的是，他們在退潮期間探勘海岸懸崖時，發現岩石扭曲成不尋常的低谷和鞍部，地層經常垂直潛入地面。這些岩石在布德（Bude）推擠成一連串小拱形或背斜。在南邊的米爾路克灣（Millook Bay），岩石形成一連串鋸齒狀，要判別地層的年代順序幾乎不可能。

最後，他們兩人懷著少許困惑轉向內陸，因爲不確定自己還在粉無煙煤低谷，或是已經進入南邊的雜砂岩。穿過有大片天空和小片橡樹林的鄉間，最後在名叫南佩特溫（South Petherwin）的一小群石造房屋附近，他們發現一道含有許多化石的石灰岩。這道岩石通過一處採石場，看起來十分類似德文郡北部沿岸的石灰岩懸崖。他們已經判定這些懸崖屬於寒武紀，因此代表他們終於通過粉無煙煤低谷的南邊界，回到年代較早的雜砂岩區域。但同樣地，他們早就已經通過邊界了[22]。

他們繼續沿著兩邊有黑刺李籬笆的狹窄小路向南前進，探勘他們認爲可能的南邊雜砂岩，一路延伸到德文郡南方海岸。格林諾的地質圖只把整片區域標示爲雜砂岩，但莫奇森在其中完全找不到志留紀岩石的徵兆，所以他們推測志留紀岩石現在深埋在塞吉維克的寒武紀岩石中。對塞吉維克而言，這項發現十分重要。普利茅斯和托貝（Torbay）地區周圍的懸崖和岩石露頭中有許多化石。如果這些岩石眞的屬於寒武紀，這將是他找到正宗寒武紀化石的最佳機會。但年代並未確定。貝什把這些懸崖標示爲石炭紀，而不是雜砂岩，而且化石紀錄也包含常見於石炭紀的物種[23]。

他們兩人在懸崖上搜尋化石時，大雨從英吉利海峽襲來，他們不得不躲了好幾天的雨，塞吉維克開始擔心自己的健康。他在普利茅斯寫信告訴朋友：「我們正在在躲雨的地方，桌上的大茶壺嘶嘶作響，鼻孔裡充滿烤魚的氣味。」[24]他還在田野紀錄裡寫了驅寒的飲料配方：鴉片、小豆蔻、薄荷和薑混合在一起[25]。只是這個飲料似乎沒什麼用，他後來提到「勞累加上天氣不好造成嚴重疾病(感冒)」。[26]

他們被困住一個星期之後，天空終於放晴。塞吉維克從病床上起身，兩人啟程回到北方海岸。他們繞行達特穆爾(Dartmoor)花崗岩體的東部邊緣，終於在泥炭沼地東側的大村莊查德雷(Chudleigh)附近找到一處採石場。在這裡的一道道新露出的泥岩和石灰岩中，他們看到非常細微的不整合面，或許可以視為難以捉摸的南邊界[27]。由於沒有其他進展，因此這已經足以讓莫奇森確信，他先前認為有一片石炭紀粉無煙煤低谷位於雜砂岩上的說法，已準確說明了這個地區的地質。

幾天之後，他們已經做了四個多星期的田野工作，這個地區的短暫行程結束，他們回到布里斯托，參加不列顛科學促進會第六屆年會。莫奇森在會中簡短介紹他們的發現。後來他指出：「塞吉維克和我自己的主要工作是確定一個地點，這個地點與我們提出的德文郡地質結構會經發生重大改變有關。」[28]有消息指出他將挑戰貝什的看法。貝什認為粉無煙煤是雜砂岩不可分割的一部分，因此這個消息獲得極大的注目。會議當天晚上，貝什的朋友格林諾表示：「塞吉維克和莫奇森預期將會發生激烈的衝突。」

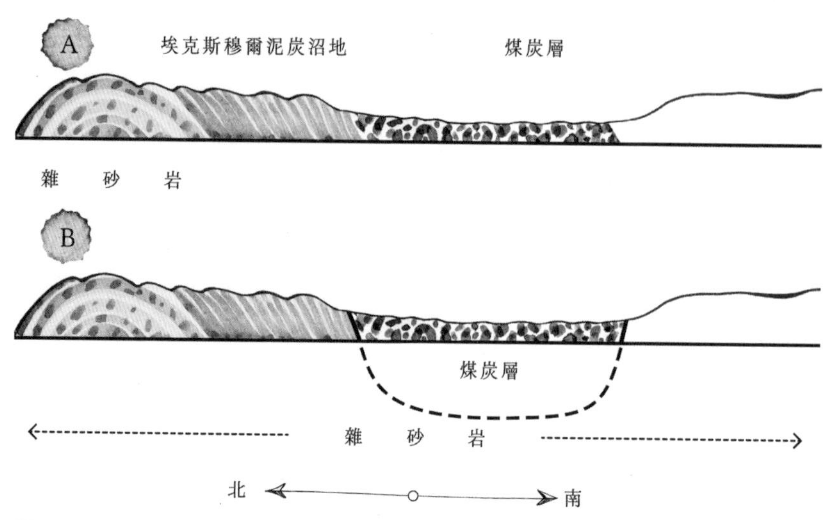

圖 5.2　貝什的德文郡截面圖 (A) 與塞吉維克、莫奇森的截面圖 (B) 兩者對比

莫奇森的演講包含一連串大膽的假設，與貝什的研究成果差異極大[29]。貝什的地質圖指出，德文郡岩石形成向南傾斜的連續層序，從北邊的雜砂岩到南邊的石炭紀岩石、粉無煙煤形成完整連續。相反地，莫奇森的地質圖則主張粉無煙煤是一片石炭紀岩石低谷，被南北兩邊的雜砂岩層包圍。

這個研究結果相當匆忙，莫奇森迅速畫出的截面圖，掩蓋了低谷南方和北方邊界都欠缺明確的不整合面證據。但對塞吉維克和莫奇森兩人而言，它解決了好幾個問題。就莫奇森的角度看來，這代表棘手的粉無煙煤岩石，和其中的石炭紀化石，都和雜砂岩沒有關係。對塞吉維克而言，這代表南邊海岸埋藏大量化石的石灰岩懸崖可能屬於寒武紀，因此可能是寒武紀化石指紋的來源。

會議接近結束時，貝什故作幽默地抱怨：「攻擊我最厲害的竟然是自己人，……我的子彈在彈匣裡、槍也已經分解，只希望可以維持和平，我盡我所能地以最妥當的方式讓步。」[30]但讓步反而讓他處境更加艱難。前一年，他終於取得正式職位，接掌英國軍備測量局新成立的地質部門，也就是英國地質調查所。這個職位的年薪相當不錯，而且還提供幾名助理。塞吉維克和莫奇森的論文指出他犯了重大錯誤，這個錯誤可能會危及到貝什這個新的經濟保障。

其實他不需要擔心。其後幾個月，進一步的田野工作，使得這個說法和莫奇森筆下當地岩石工整的輪廓逐漸崩壞。這個地區突然暴紅，當地地質學家受到鼓舞，又找出更多莫奇森描繪區域以外的粉無煙煤化石，指出粉無煙煤低谷的邊界，並沒有他畫得那麼清楚明確[31]。另外，也越來越多人質疑：把普利茅斯附近的德文郡南部石灰岩懸崖判定爲寒武紀，是否正確？德文郡地主羅伯特．奧斯汀（**Robert Austin**）曾經在牛津大學受巴克蘭指導下研讀地質學，並且建立了當地最豐富的化石收藏。他宣布在托爾灣（**Tor Bay**）和牛頓亞伯特（Newton Abbot）附近的懸崖發現了三十多個物種的化石，這些化石和大家已知的石炭紀物種「竟然如此相似」[32]。這似乎證實了貝什判定這些岩石為石炭紀是正確的，同時進一步降低塞吉維克和莫奇森的當地地質圖的正確程度。他們的地質圖判定整個德文郡南部地區都屬於寒武紀。對於仍然希望能在這個地區找到寒武紀化石紀錄的塞吉維克而言，這個消息格外不受歡迎。

但最令人不解的是，粉無煙煤本身的性質開始帶來新疑問。貝什原先的樣本狀況不佳且嚴重損壞，而狀況較好的新樣本現在已經出土。約翰・林德利兩年前判定它們屬於石炭紀，因而引發整個爭議，現在卻改口了。他重新檢驗舊樣本，跟新樣本比較，宣稱它們跟他以前見過的石炭紀岩石，完全沒有共同之處。這可能代表什麼？如果粉無煙煤屬於石炭紀，但包含的化石指紋卻與眾不同，則試圖建立通用化石地層圖的整個行動，都將再度陷入疑問。但如果它們不屬於石炭紀，那又會是什麼年代？看來也不屬於寒武紀或志留紀。萊爾目前擔任倫敦地質學會主席，依照他的說法，這個「粉無煙煤問題」逐漸變成「從理論觀點來看最重要的問題，也是倫敦地質學會有史以來討論過的最重要的問題」[33]。

一八三七年冬天，不列顛科學促進會爲了一舉找出答案，決議塞吉維克和莫奇森應該在倫敦的專家會議中報告他們的研究成果。莫奇森認眞地準備他的資料。塞吉維克承諾會提供他的想法。但在諾里奇，塞吉維克被大教堂的工作淹沒，而且「爲了冷冰冰的儀式禮節而感到沮喪」[34]，因此沒有動筆。會議前幾天，莫奇森還在等著他的稿件。他寫了一張簡短的字條給塞吉維克：「我非常希望收到你的信。但我像隻將被送上祭壇的羔羊一樣耐心等待，最後確定將在沒有你的協助下犧牲。然而，我會喝下最好的雪莉酒，醉醺醺地面對……準備對付我們的人。」[35]

塞吉維克的資料沒有送來，會議也取消。兩天之後，莫奇森寫信給塞吉維克：「哈姆雷特（意指重要主角）的戲份取消，重頭戲未能上演。我很失望你的備忘錄沒有送來……難道你眞的以爲我在沒有長篇大論的情況下，能夠使整件事變得戲劇化？」[36]

一年之後，一八三八年五月，塞吉維克總算寫好關於寒武紀岩石的論文。這篇論文的用意是補充莫奇森先前的志留紀論文。這篇論文和大多數重要地質論文同樣在倫敦地質會的會議上發表，但另一方面，它又不是其他地質學家希望看到的論文。

〈老紅砂岩下方之英格蘭系層狀岩石概要〉（**A Synopsis of the English Series of Stratified Rocks Inferior to the Old Red Sandstone**）篇幅只有十一頁，而且僅簡短探討威爾斯地區，塞吉維克採取和先前相同的方式，把寒武紀分成四個時期：柏文山區和威爾斯南部的上寒武紀板岩、巴拉石灰岩、史諾登尼亞的中寒武紀板岩，以及安格爾西島和林恩半島的下寒武紀片岩。但並未明確列出這些時期的化石指紋，很可能是因爲一直找不到化石。

其他地質學家當時大多認同莫奇森簡單的化石地層圖概念，對他們而言，塞吉維克的論文相當讓人失望。論文中缺乏如莫奇森志留系那樣顯而易見的明晰性，也欠缺一系列清楚獨特的化石指紋，對大多數人而言，這樣子實在沒辦法把寒武紀視爲可信的，可以馬上應用在世界各地的通用性地層分類。

塞吉維克試圖保護自己的地位。他寫道：「一個系統如果建立得相當完整，而且化石群已經確定，我們或許可以任意運用比較化石群，而且出錯的風險非常小。但如果還沒有確定實際化石群，就以化石當成依據，用它爲系統命名，這樣將完全違反地質學的邏輯，除了造成問題之外別無用處。」他指出，在威爾斯就不可能以他發現的少量化石判定

上寒武紀	柏文山區 / 威爾斯南部的高層板岩
	巴拉石灰岩
中寒武紀	卡納封郡及梅里昂斯郡高山，包括史諾登尼亞
下寒武紀	安格雷西島和卡納封郡南部雲母片岩

圖 5.3　塞吉維克的寒武紀地層。

個別地層。在德文郡，他多少已經接受南方海岸石灰岩懸崖沒有大量化石的事實，但還是抱著一線希望，期待他和莫奇森曾經於一八三六年考察過的小鎮南佩瑟文（**South Petherwin**）附近的石灰岩中能找到獨特且有價值的化石紀錄。他盡其所能可以做到的，最多就到這樣了，但認同這點的人非常少。

莫奇森充分展現他的優勢。半年後的一八三九年一月，他發表兩巨冊四開尺寸的大作《志留系》（*The Silurian System*），定價八畿尼（約相當現今五百英鎊、新臺幣兩萬）。書中六頁以雙欄列出贊助出版費用的預訂者姓名。這部作品內容十分詳細，篇幅多達八百頁，包含數十幅地圖、截面圖和化石圖。有段刻意吹捧的題辭寫道：「親愛的塞吉維克……我曾和你一起考察故鄉和外地的許多土地。這段文字是友誼的紀念，也代表我對你的辛勞的高度肯定，希望你能接受。」

這部書的第一冊逐章介紹英國的第二紀岩石，從鲕狀系石灰岩（科茲沃斯石灰岩）、石炭系到老紅砂岩。這部書到第十六章才談到志留系，開頭寫道：「現在我們總算談到年代較早的沉積物。以往的作者未曾把這些沉積物分層，現在我準備以新名詞介紹它們。」接著重複莫奇森已經提出的內容，把志留系分成上志留系和下志留系。志留系和上方及下方的地質系統之間，都有明顯的分離（或不整合面）。

第二冊採取同樣詳盡的方式列舉志留紀化石紀錄，再次闡述莫奇森以化石地層圖爲中心的想法。對某些讀者而言，這個細節有點多餘。德文郡地質學家羅伯特．奧斯汀寫信給朋友貝什時，如此描述：「當你看到《志留系》第一部中大量艱深的文字和枯燥無味的礦物學細節時，難道眼睛會爲之一亮嗎？。」

儘管部頭大到不得了，這部書仍然暴紅。《志留系》賣到歐洲和北美各地。從法國到非洲南部，地質學家開始參照莫奇森的化石指紋分辨志留紀岩石。格林諾觀察到，英國佬似乎「主宰了歐洲地質學界」，有些地質學家對於威爾斯與英格蘭邊界上的一小段岩石層序的普遍適用性感到憂慮，因此發生小幅度反彈。羅伯特．奧斯汀曾經尖酸地批評：

「我能預測到地質學未來八年的命運——整個地球會有一半變成志留紀。」[37]

碰巧，把莫奇森的想法運用到淋漓盡致的人出現在德國。古怪的德國天文學家克里斯蒂安．利奧波德．馮．布赫（**Christian Leopold von Buch**）開始把德國和歐洲東部的廣大地區判定為志留紀。布赫是住在柏林的有錢單身漢，以經常穿著長大衣在德國鄉間長途漫步聞名。他的長大衣的口袋特別大，裡面塞滿筆記本、地圖和地質學用具。一位觀察者寫道：「他在歐洲各地漫步，結識和他目標相同的人。當時應該沒有其他地質學家擁有像他那麼廣泛的知識和才能。他在自然地理學、動力地質學與地層地質學（**stratigraphical geology**），以及古生物學等方面都十分傑出，又有獨創性。」[38]

一八三五年，那篇現今相當出名的論文在舉行於都柏林的會議中提出寒武系和志留系這幾個名詞後，布赫聽說了這些概念。後來他運用莫奇森的化石清單，採取比莫奇森更大膽的方式，把岩石歸類為志留紀。一年之內，布赫把德國北部哈茲山（**Harz Mountains**）的岩石峭壁、波蘭的平原到當時俄國邊界的廣大區域判定為志留紀，捷克首都布拉格和俄國首都聖彼得堡周圍的地區，則可能是年代較早的寒武紀岩石。他甚至宣稱發現了腕足動物石燕貝（Spirifer）的化石[39]。這種腕足動物只存在於志留紀岩石中，可藉以明確區分志留紀岩石和寒武紀地層。塞吉維克和莫奇森都沒有注意到這種指標化石。因此，志留系的重要程度一定將會超越寒武紀，而塞吉維克提出的岩石分類就沒有那麼簡單明瞭。一位歷史學家寫道：「以往判定爲寒武紀的化石地區，現在割讓給志留紀。」[40]

但莫奇森這部大紅大紫的著作其實有幾個缺點。這部書沒有提到寒武紀—志留紀邊界附近的不確定區域，或是給出某些權宜性安排。此外，它忽略了來自德文郡和康瓦爾的新化石證據，對於雜砂岩和上方石炭系間的界線，交待不清楚。的確，志留紀的上邊界十分模糊。在某個截面圖中，莫奇森重申，他相信在志留系和石炭系之間，環境曾經急遽改變，使化石紀錄出現明顯間斷。然而在其他地方，他早期曾經在威河河谷發現許多「過渡層」，並在河谷中發現「連續不斷的變化，從（石炭紀）石灰岩山峰一路下滑，經過老紅砂岩，最後潛入含化石的雜砂岩」[41]。換句話說，這個邊界其實不是迅速改變，而是緩慢變化。

最重要的是，他的記述掩蓋了德文郡粉無煙煤等岩石帶來的問題。這些岩石具有獨特的石炭紀化石紀錄，代表莫奇森的化石紀錄方法太過簡單，並無法精確呈現地球演化的複雜狀況。

著名地圖製作者威廉．史密斯（William Smith）三十九歲的外甥約翰．菲利普（John Phillips）提出的批評最爲嚴厲。菲利普當時是倫敦國王學院地質學教授，他在剛出版的《地質學指南》（Guide to Geology）中指出，單一地質時期橫跨長達數百萬年，而且範圍遍及全球，如果自然與氣候環境都沒有改變，因此也只有一種化石指紋的話，實在讓人不可思議。同樣地，兩個不同的地質時期竟然具有類似的環境，因此有共同的化石紀錄，也是不可能的。一位評論者曾說：「所謂『煤系』物種的植物群可能在雜砂岩時期在特定生態條件下相當興盛，因此散播得很廣，成爲煤系年代的『特徵』植物群。」菲利普斯主張，完整的地層圖，一定精細複雜得多，應該包含岩石結構等重要指標、這些岩石彼此間的關係，以及岩石的組成和特性。

莫奇森對這項批評的回應簡短但有點令人費解。他指出，早期地球溫度較高，因此全球各地的氣候比較一致。他的朋友萊爾也提出詳細的理論，解釋地球上不斷改變的動植物群與自然環境改變歷程之間的關係，並且斷定形成於不同年代的兩個地層不可能有共同的物種[42]。這兩個說法其實都經不起嚴格檢驗，但大多數地質學家逐漸接受莫奇森的化石地層圖，所以幾乎沒有人挑戰他們。

因此塞吉維克面臨抉擇。如果他要繼續主張寒武紀代表地球史上某個獨特且通用的地層年代，可以從兩個方法選擇其中之一：蒐集足夠的化石紀錄，淸楚證明自己的說法。或按菲利普的範例提出更精細的地層圖，進一步發揚他對岩石結構重要程度的堅持。

可惜的是他兩個方法都沒選。朋友力勸他開始著手。莫奇森也寫信給他說：「我說你可以這麼做，你可別拒絕或者不高興。你應該可以在十五天內寫完。所有的東西都在你的腦中。」剛剛上任的倫敦地質學會會長，劍橋大學哲學家與科學家威廉．惠威爾表示，希望塞吉維克教授「不要吝於提出他睿智又具哲學性的看法」[43]。但塞吉維克本來就不是很喜歡跟人合作，也不擅長把他的推論能力轉化成文字。他寫道：「有些朋友對我的期望高於我的能力。因爲我在某些場合能流利地講話，但不代表我一定能寫。經驗告訴我，這兩件事正好相反。」[44]

他提出各種理由：「我的課後天開始，還有三份論文要處理。我手上從來沒那麼滿過。我眞希望一天有四十八小時，或是能找到某種高耐力模式，可以不吃不睡度過學期。」[45]他也相當在意寫作對健康的影響。他對一個朋友表示[46]：「我寫東西時各方面都很痛苦，寫幾個小時就消化不良和頭暈。我可以控制我的胃，我可以輕易地遠離工作，但我準備動筆的那一刻，體內就開始不對勁。至於我的腦袋，就像塞滿了磚屑一樣。」[47]

地質史學家塞科德寫道：「寫長篇論證似乎超出他的能力。」另一位觀察者寫道：「我們通常很難分辨眞的身體疾病，和長期憂鬱造成的病症發作。」[48]莫奇森這樣雄心勃勃、決心不斷前進的人，一定感到這樣的合作沒有意義。他曾經把《志留系》的初稿寄給塞吉維克，請他提供意見，但有意義的回應極少，只有激烈地反對他宣稱在威河河谷中「發現」志留紀。塞吉維克在信中告訴莫奇森：「我必須老實講，我不喜歡你在前言裡的語氣。你的假設我認爲不成立……你寫的東西，不比以前那群笨蛋好多少。」[49]

《志留系》出版之後，塞吉維克同樣不想評論這部書，甚至連讀都不想讀，還以沒有時間爲理由拒絕爲《泰晤士報》撰寫書評[50]。我們很難不覺得，他已經開始對莫奇森的成功感到怨恨。

一八三九年二月，《志留系》出版後一個月，貝什發表自己的英國西部鄉間岩石的記述《康瓦爾、德文與西薩默塞特等西部鄉間地質報告》（*A Report on the Geology of the West Country of Cornwall, Devon and West Somerset*）[51]。這本書完全沒有《志留系》的聲望。馬丁．拉德維克（**Martin Rudwick**）在關於泥盆紀爭議的重要記述中提到：「莫奇森的巨著彰顯了「志留亞」（**Siluria**）的貴族和人民，並且以預訂者熟悉的當地風景、地質圖吸引他們。貝什的書籍整體而言比較令人望而生畏。」[52]這本書以多達七百頁的篇幅，詳細說明他認為沒有證據指出石炭紀低谷位於雜砂岩中，並有不整合面，並且繼續堅持粉無煙煤可能相當於莫奇森的上層雜砂岩或志留紀岩石。

莫奇森瀏覽初步版本時，越來越感到不耐。他在寫給塞吉維克的信中大罵貝什：「我真的覺得科學史上沒有像這樣厚顏無恥、不講道德、沒有紳士風度的掠奪行為。」他嚴厲批評地質調查所的公款應該用來協助製作的構想[53]。但儘管他大聲疾呼，仍然沒有證據指出莫奇森所推測的德文郡北部的不整合面確實存在，足以用來分辨雜砂岩中的粉無煙煤。此外他也對新近在粉無煙煤中發現的化石異常感到困擾。這個異常現象，似乎代表它不是典型的石炭紀岩石。

一向從大處著眼的莫奇森現在提出他最大膽的推測。一段時間以來，他一直在注意布雷肯比肯斯和布里斯托海峽北邊色彩繽紛的老紅砂岩山丘，思考這些山丘是否可能繼續向南延伸。它們有沒有可能潛入海峽底下，然後再度現身，形成北德文的懸崖，也就是他在此之前一直判定爲寒武紀的岩石？這代表巴恩斯特普爾（**Barnstaple**）周圍的「石炭紀」粉無煙煤層，並非不整合地位於雜砂岩中，而是整合地位於老紅砂岩上方。如此一來，我們將不再需要假定這個地區有不整合面。此外，如果這個地區其實同時有老紅砂岩和石炭紀粉無煙煤岩，則當地地質學家發現的異常化石，很可能是從老紅砂岩轉變爲石炭紀時期的過渡物種。

莫奇森把這個新想法寫成文字。他奮力書寫時，腦中浮現更重大的想法。在此之前，老紅砂岩一直被視爲位於石炭紀岩層下方的另一層岩石，甚至可能是石炭紀岩層的一部份。現在莫奇森提出，老紅砂岩不是較易分辨的地質時期的一部分，它本身就是一個地質時期。它是生物演化過程中尚未被認可的階段。在這個階段中，志留紀時期獨有的植物群慢慢被石炭紀的陸生蕨類和熱帶植物取代。他稱這段過渡期爲泥盆紀（Devonian）。

世界各地的地質學家對此大感興趣。儘管有某位評論者表示，這個想法的依據是「可能成立的說法，而不是已經證實的事實」，但這個理論巧妙地解決了難解的問題。劃分早期地球岩石的系統從三個增加到四個，包括已經獲得國際認可的石炭系，以及《志留系》一書出版後獲得國際認可爲通用系統的志留系、泥盆系和寒武系[54]。

一八四〇年冬天，塞吉維克和莫奇森的新地質時期，獲得即將第二次擔任倫敦地質學會會長的威廉．巴克蘭支持。他在對學會會士的年度演講中，支持把雜砂岩分成泥盆系、志留系和寒武系，並且讚揚它「無疑是英國岩石分類中最重要的一次改變」[55]。不久之後，法國、德國、比利時和美國等其他國家的地質學家也表示支持。

但泥盆紀解決方案的迅速成功，遮掩了莫奇森對批評者的幾項讓步。布雷肯比肯斯和蘇格蘭東北部沿岸懸崖的老紅砂岩露頭由色彩鮮豔的砂岩構成，化石指紋相當特別，是各種魚類化石，尤其是指標化石全褶魚（holoptychius）[56]。德文郡和康瓦爾郡的岩石由顏色淺許多的石灰岩構成，而且化石紀錄完全不同[57]。莫奇森提出泥盆紀時期的存在，違反了他自己的重要信念：化石是辨識岩石的關鍵。這個新想法使他不得不承認，約翰·菲利普等對手可能說得對——單一地質時期或許能以化石紀錄的局部變化辨識。

同樣重要的是，莫奇森提出泥盆紀，破壞了幾個月前自己提出的主張，認為地質時期通常能以不整合面劃分，也就是化石紀錄的顯著間斷。泥盆紀的海洋動物經常改變，陸生植物化石逐漸出現，代表動物群從志留紀到泥盆紀逐漸改變，泥盆紀到石炭紀也是如此。換句話說，它指出在田野中，不同地質時期間的邊界往往不易捉摸，化石紀錄也只是逐漸變化，和地層表中鮮明的帶狀外觀不同。

基本分類	地質時期
第二紀岩石	白堊紀
	侏羅紀
	新紅砂岩 / 三疊紀
	石炭紀
雜砂岩	★泥盆紀
	志留紀
	寒武紀
第一紀岩石	

圖 5.4　新確定的泥盆紀是早期地球史上的第三個獨立時期。

莫奇森終於遭遇基本的結構問題。德文郡和康瓦爾郡的岩石十分扭曲紊亂，沒有一個露頭清楚呈現泥盆紀在層序中介於志留紀和石炭紀之間。幾年前，威爾斯北部找不到老紅砂岩，使當地的雜砂岩漂浮在年代眞空之中，同樣地，找不到清楚的志留紀－泥盆紀－石炭紀層序，使莫奇森只能猜測這樣的層序確實存在。

一八四〇年初，他收到柏林的朋友布赫的信，布赫爲志留系在歐洲各地流行的貢獻極大。布赫告訴莫奇森，他已經開始以泥盆紀當成地層分類，並且在俄羅斯西部接近波蘭邊界地區發現這類岩石的大片露頭。此外，這些岩石順序排列成接近水平的地層，清楚展現泥盆紀岩石正如莫奇森的預測，明確地夾在志留紀和石炭紀地層之間。此外，布赫還表示他發現了全褶魚化石。這種化石是老紅砂岩的特徵，與德文郡和康瓦爾郡常見的某些海洋有殼類和珊瑚關係相當密切。這是第一次在一個岩石中發現兩種化石。這封信的結尾建議莫奇森到這個地區進行田野工作，驗證這個觀察結果。

就在塞吉維克持續努力，試圖明確定義寒武系及其與世界其他地區岩石間的關係時，莫奇森也即將踏上一大段旅程，將使他躋身世界最具影響力的地質學家之列。

CHAPTER 6

在俄羅斯巧遇二疊紀

（1840～1842年）

一八四〇年五月，莫奇森出發前往俄羅斯西部。他乘坐明輪式輪船橫越波浪起伏的北海，到達德國的城邦漢堡。煙囪冒著滾滾的黑煙，輪船也向一邊傾斜，「大多數時間只有一邊輪葉在動」[1]。他從這裡坐馬車繼續前往普魯士首都柏林。他這次旅程的同伴是年輕的法國古生物學家愛德華・德・維爾諾伊（**Édouard de Verneuil**）。他是有錢的巴黎律師，後來離開法律界，投身新興的岩石科學，視莫奇森爲導師。莫奇森也對這位法國人十分欣賞，至少有一部分原因是他鑑定早古生代化石的能力。莫奇森和維爾諾伊後來幾年都形影不離。

在柏林，俄裔德國地質學家及博物學家亞歷山大・馮・凱澤林（**Alexander von Keyserling**）前來會合。凱澤林是德國古代貴族後裔，在普魯士和俄國邊界長大。馮・凱澤林是俄國沙皇尼古拉一世的終身好友，相當熟悉俄國西部地質，所以得到布赫推薦。

他們三人朝北到達波羅的海海岸，再乘坐蒸汽輪船到俄羅斯帝國首都聖彼得堡。他們已經取得許可，參加俄羅斯的國家自然史和自然資源發現之旅。這項計畫要朝東北行進將近一千公里，到達濱靠白海的北極圈城市阿爾漢格爾（**Archangel**），再經過俄羅斯中部窩瓦河河谷的下諾夫哥羅德（**Nizhny Novgorod**），再經由莫斯科，然後回到一開始的起點。此行的目的是研究志留紀岩石的範圍和泥盆紀的性質。

他們花了三個星期，開心地購置一大堆裝備，包括寢具、葡萄酒、藥品、雪茄（莫奇森認爲是必需品）、烹飪新發明罐頭湯，以及各種場合用的衣服，包括全套晚禮服。莫奇森已經在德國買了輕型兩輪馬車，但必須加以強化，才能克服俄國的道路。他們另外加上底部貼近地面、最多可用五匹馬拉的俄國馬車塔倫塔斯（**tarantass**）。他們取得地圖，認識當地地質學家和礦業專家，雇了傭人，努力取得要在極度專制的警察國家行走各地所需的各種許可。不僅從一個地區到另一個地區需要許可，連離開公路去探察公路旁邊的鄉間也需要許可。但是莫奇森可說如魚得水。他和許多英國地質學家不同的是擅長跟外國人打交道，而且法語說得很好，而法語正是俄國宮廷使用的語言。

當時俄國的地質學知識不大普及。在凱薩琳大帝的邀請下，普魯士博物學家彼得．帕拉斯（**Peter Pallas**）在十八世紀末曾經走過俄國西部和西伯利亞部分地區，留下許多筆記、地圖和一本書，內容是介紹俄國的自然史以及初步的地質概況，但這些記載經常造成誤導[2]。後來普魯士博物學家及探險家亞歷山大・馮・洪堡（Alexander von Humboldt）走遍俄國西部，發表一系列俄國自然資源地圖[3]。一位駐聖彼得堡的英國外交官威廉・史川吉威斯（William Strangeways）也測繪了一些俄國岩石。最後莫奇森帶了倫敦的「實用知識普及協會」（Society for the Diffusion of Useful Knowledge）所製作的俄羅斯帝國粗略地圖。這個機構專門出版適合一般大眾的平價地圖和書籍[4]。

莫奇森深受俄國首都聖彼得堡的壯麗、皇宮和寬敞堂皇的街道吸引。他寫信給妻子夏綠蒂說，剛整修過的冬宮「現在美輪美奐，燦爛的光輝、雅緻的燭台、大量的黃金，在在都吸引目光。**我們英國人**對照明缺乏概念，現在我了解參加我們的加冕大典的外國人爲什麼那樣批評了（粗體爲原文強調）」[5]。到了六月中準備完成，一行人踏上旅程。

這條路朝北離開聖彼得堡，和俄羅斯大多數道路一樣，沿著一連串寬闊低矮的河谷，越過長滿松樹和樺樹的山丘。融化的雪和剛下的雨使河流漫出兩岸。在某些地方，負重極大的一行人不得不橫越又深又泥濘的大片沼澤。小路很快就損壞。莫奇森在日誌上寫道：「我們的駕夫一邊無情地打著馬，一邊唱著：走吧，我的美人！你拉著白金級的紳士

（暗示要我們多付點錢），他們會給你很棒的飼料。」[6]他們晚上停在貧窮的村莊，「向牧師或農民借宿，通常睡在他們自己的地板臨時床鋪」，偶爾也會住客棧，有「伊凡」（莫奇森對階級較低的俄國人的稱呼）端來馬鈴薯和烈酒[7]。

莫奇森忍不住以高傲的姿態諷刺當地女性，他在日記上寫她們：「穿著匪夷所思的服裝……束住胸部，使它非常接近髖部和束腹，或是束在腋下。」[8]

當時正值盛夏。在永晝的光線下，他整晚都在痛苦地打蚊子。在聖彼得堡的興奮過後，他在日誌中提到「有個地區有小湖、漂亮的植被，海拔上升到一百五十至一百八十公尺」[9]。他們辛苦了好幾天，尋找可供了解地質狀況的岩石露頭。後來在廣闊又長滿蘆葦的拉格達湖（**Lake Lagoda**）南邊，他們交上了好運。

沃爾霍夫河（**River Volkhov**）切穿一層石灰岩，形成由水平紅岩層構成的低矮懸崖。莫奇森和德．維爾諾伊跳上懸崖，敲下石塊仔細檢視。他們可能辨認出腕足動物泥盆紀石燕貝（**Spirifer devoniensis**）的殘骸。莫奇森曾經在德文郡的懸崖看過這種化石，也是泥盆紀岩石的標記。這代表他們在俄國發現了年代相近的地層。

更了不起的是，這些岩石裡有已經滅絕的原始魚類全褶魚（holoptychius）帶有鱗片的輪廓化石。這種魚是蘇格蘭北部和布雷肯比肯斯老紅砂岩典型露頭的標記。正如布赫所保證的：這些紅砂岩裡同時有德文郡和康瓦爾的腕足動物和蘇格蘭老紅砂岩的魚類化石。莫奇森極爲興奮。他才出發幾天，就達成主要目標之一：確認英格蘭西部和蘇格蘭北部的砂岩屬於相同的地質時期。這是泥盆系的重要驗證。他在日誌上高興地寫道，「這是我和塞吉維克的重大勝利」：

我們主張德文郡的石灰岩和砂岩和蘇格蘭的老紅砂岩年代相同時……遇到了反對意見——要求我們拿出德文郡老紅砂岩的魚類化石，或是蘇格蘭老紅砂岩的德文郡貝殼。我在俄國解決了這個問題。這些貝殼和魚類（各個物種）毫無疑問地位於同一層薄層砂岩中。[10]

沿著河流繼續前進，又有一項重大發現。他們坐著小船漂向下游，仔細觀察突出的岩石河岸，經過一段急流時，湍急的河水切過紅色的石灰岩，水面上露出一連串顏色較淺的石灰岩礁。莫奇森敲下樣本，可以清楚看到裡面有棘海林檎（**Echinosphaerites**）。他曾經以這種化石當成威爾斯上志留紀岩石的標記，證明泥盆紀岩石的地層就位於志留紀石灰岩上方。沃爾霍夫河岸露出志留紀和泥盆紀時期之間難以捉摸的地層界線。他一向推測這條界線必定存在，但在德文郡和康瓦爾的岩石中一直沒有找到。幾天之內，莫奇森和德．維爾諾伊解決了兩個困擾泥盆系已久的重大問題：蘇格蘭老紅砂岩和德文郡及康瓦爾岩石的一致性，以及它們的地層位置就位於志留紀時期上方。這些成果大大超乎他的預期。

這支考察隊興高采烈地朝北前進。他們更深入北極圈時，樹木變得越來越小、越來越瘦。他們經過聚集在木造小教堂和白牆修道院周圍的泥濘小村莊，在其中一個聚落，碰到一群流放政治犯正要前往更北邊的勞改營。他們每個人都穿著粗布灰色罩衫，用鏈條和兩旁的犯人鎖在一起。莫奇森不清楚俄國的獨裁，所以不怎麼同情這個國家的政治異議者。在另一個隱藏在樹木中的聚落，居民用音樂和舞蹈款待這些「官方」訪客。它有點類似像蘇格蘭高地的角管，並且又以吱喳作響的小調和鼻音歌唱[11]。

莫奇森寫道：「我不敢相信自己在這麼北邊。有漂亮的草地、茂密的植被，雄偉的河流，而且沒有山。但我現在所在的緯度是比蘇格蘭北邊的奧克尼群島（Orkneys）還要再更北四度。」[12] 他還評論道：「我非常驚訝地發現俄國農村的狀況比我預期的好這麼多。一般說來，他們住得不錯，穿得很好，比愛爾蘭人好得多，甚至比許多倫敦人還好，簡直沒辦法相比。乞丐幾乎完全沒見到。」[13]

但他們行進得相當緩慢。如果說他們的住宿算是不錯，那麼其他基礎建設則可以說是可怕。道路經常壞成「深不可測的沙坑，底下完全沒有路基」[14]，馬很快就跑累了。俄國當局設立了驛站系統，馬跑累了可以在這裡換另一匹馬。但俄國的路況非常糟，馬匹死亡率太高，驛站經常缺馬。有個驛站主人告訴莫奇森，他的六十四馬最近折損了四十四。為了彌補損失的時間，小路狀況良好時，莫奇森在每輛馬車掛上五到六匹馬，跑在沒有終點的森林小路的「沙子、石塊和沼澤上，每小時的速度經常高達二十或四十公里……帶著如雷的響聲，在損壞的木橋上呼嘯而過」。[15]

愈往北走，聚落愈稀疏，人的戒心也越重。俄國政府以鎮壓和腐敗聞名，村民往往以為他們是來壓榨更多的稅金。凱澤林努力向他們說明，但當地人仍非常不願意配合提供任何訊息，以免被用來抽稅，包括當地的採石場[16]。雖然莫奇森看到用石灰粉刷的建築，代表周圍有許多開採石灰岩的跡象，但在這片奇怪的土地上，當地人無意協助他們。

一行人又花費兩個半星期，辛苦地駕車到位於北極圈內，白海的貿易港阿爾漢格爾。在沃爾霍夫河懸崖的興奮過後，沒有什麼新的地質發現，阿爾漢格爾也讓他們失望。

當時的照片中有寬廣泥濘的街道，兩邊是破敗的木造房屋，荒涼的海邊最顯眼的是政府建築和矗立著教堂穹頂的天際線。海灣裡停泊著幾艘船，船上的帆捲起，幾艘手划小船慢慢地載著人來回。聖彼得堡取代了阿爾漢格爾，成為俄國與歐洲的主要貿易港，這個城鎮面臨艱困時刻。莫奇森入住「有怪味的河邊破舊房屋」後，精神不佳地寫道：「一條破爛不堪的漫長街道，附近有木造房屋，是這裡的主要特色。」[17]但讓他們驚訝的是，他們駕車沿海邊前進時，遇到一群要載運原木到紐卡索的英國水手，可以幫忙把他們一路增加的各種紀念品運回去，包括一顆浸在鹽水裡的海豹頭、動物皮和當地薩摩耶德人（**Samoyedic**）製作的象牙雕刻。

接下來幾天，莫奇森和維爾諾伊沿樹木茂密的白海海岸進行一連串田野工作。在城市東邊，海邊低矮的懸崖裡，他們開心地發現灰色水平的石炭紀石灰岩層，正位於年代較早的泥盆紀砂岩層上方，清楚呈現泥盆紀的上邊界。莫奇森現在能從分類上證實泥盆紀的地層位置介於志留紀和石炭紀時期之間。這是很大的進展。

阿爾漢格爾是考察隊被允許到達的最北點。七月初，一行人再度向南前進，目標是分隔白海流域與窩瓦河上游間人煙稀少的山地。他們沿著砂質小路朝上游走，旁邊是匯入北極海的河流，因融雪而高漲湍急。河床有時寬達八百公尺，有些地方則分成許多股，在散落著石塊的河谷底部蜿蜒流動。周圍山上都長滿茂密的樺樹和松樹。他們負擔沉重的車輛經常陷入沙和泥巴，深度往往到達輪軸，必須挖開才能脫困。他們到達河谷上游時，再爬過樹木茂密的分水嶺到下一個河谷，一片片藍綠色的山地消失在遠方。

他們向南走時，經過小型懸崖。莫奇森在這裡認出「紅黃交錯」的彩色砂岩和石灰岩層下方的底岩，[18]這讓他想到在英格蘭東北邊看到的奇怪紅棕色岩石。它的鎂含量高得不尋常，所以當地人稱之為「鎂質石灰岩」。沒有人特別注意過它，而且它在地層表中的位置不明，介於石炭紀煤層和更晚的三疊紀新紅砂岩地質時期岩石之間（參照第一章圖

1.1），界線一直未被清楚判定。讓莫奇森更困惑的是，他在從沒見過的砂岩裡發現了牡蠣狀的雙殼貝化石[19]。他在日誌中寫道：「我開始長考這些紅砂岩的可能年代。」[20]應該把它們歸類為石炭紀晚期、新紅砂岩早期，還是另一個介於兩者之間但完全不同的地質時期？他在英國很習慣尋求當地專家的建議，但在俄國沒有人可以詢問，只能靠自己。

一群人繼續向南前進，經過偏僻的金色圓頂修道院和伐木小鎮，河上擠滿剛砍下的樹紮成的木排，等著漂到下游。這裡同時也是俄國當局指定用來流放國內政治異議者的駐屯鎮，莫奇森等一行訪客受到副首長接待，他堅持護送他們到軍官俱樂部，讓他們玩惠斯特牌和撞球[21]。莫奇森再度被俄國人的性格感動。他在日誌上寫道：「這裡的人似乎很貧窮，但有禮又文明，一位高大和善的年輕農民用我的雪茄點燃一支火種，跪在我腳邊，親了我的鞋子，因為我給了他五戈比銀幣。」[22]

最後，一行人在路上走了一個多月後，到達地面濕軟的窩瓦河源頭。他們朝下游移動時，經常深陷在泥巴裡，而且不得不為了尋找較堅實的地面而越過河流。某次因為這個原因渡河後，莫奇森記錄：「我們到達某個碼頭時，人已經暈了大半。」把馬車分解並載上臨時渡船的場面亂成一團。[23]

河流慢慢變寬，河谷人口也越來越多。樺樹和松樹林被浸水草地和開闊的田地取代。教堂尖塔和俄式洋蔥屋頂出現在天際線上。他們在熱鬧的宗教中心亞羅斯拉夫爾（Yaroslavl）暫歇，這裡塞滿了朝聖者。莫奇森開心地寫道，這次頭一回遇到幾星期來過夜時「房間裡一隻蟲子都沒有」[24]。

一行人從亞羅斯拉夫爾向南走，仔細檢視更多令人疑惑的紅黃色岩石露頭，都是在急速流動的水沖刷之下露出懸崖的。此外還有乳白石膏溝，在山丘側面急遽下滑，看來就像結冰的瀑布。最後，他們穿過果實將熟的蘋果園，到達了歷史久遠的貿易港：下諾夫哥羅德（Nizhny Novgorod），其位置控制著戰略要衝，位於河流的岬角上[25]。

時值八月，一年一度的夏季節慶達到最高潮。船的桅桿沿著河岸林立，數百名店主來到水邊的舌形平地，把這片地變成吵雜的市場。空中滿是小販的叫賣聲，數百個火堆冒出的藍煙不斷向上飄，同時發出燒烤肉類的濃烈香氣。莫奇森饒有興致地寫道：「每天有二十萬人聚集在這裡，時間長達一個月。來來去去的合計在一起算，至少有三十五萬人造訪這裡，有許多來自東方和沙皇治下韃靼國家的代表。[26]」然而特別吸引他注意的是女性：「現在我們身處在圖畫般的女性農民之間。北方暗淡沉重的服裝現在變成了鮮豔的紅色頭盔形帽子，以及鑲紅邊的外套式短袍。有些女孩的頭髮捲成長長的小圈垂掛下來，粗壯又結實的腿上穿著白色長襪。[27]」

下諾夫哥羅德是他們行程的最東點。沉浸在快樂的大城市生活後，一行人轉向西邊，沿著另外一連串河谷，朝莫斯科前進。紅黃色砂岩和石灰岩露頭，轉變為年代較早的灰色石炭紀石灰岩層，包含許多「真正的石炭紀石灰岩化石」，表示他們在地質年代上逐漸回到過去[28]。他們在俄國的前首都莫斯科暫歇，再走新公路（俄國最好的道路）回到首都聖彼得堡。他們已經走了兩個半月，路程大約七千兩百公里。在回程的蒸汽輪船上，莫奇森告訴塞吉維克，「從波羅的海南下中」、「心情非常好」[29]。

回到倫敦後，他仔細思考。在莫奇森的想法中，這次考察最大的亮點無疑是清楚確定老紅砂岩和泥盆紀之間的關聯。莫奇森開心地寫道：「德文郡泥盆紀貝殼和蘇格蘭高地魚類兩者加在一起，代表我和塞吉維克把蘇格蘭的老紅砂岩和德文郡岩石都歸類為泥盆紀是正確的。」[30]他支持泥盆紀是地球早期歷史上重要的獨立時期，介於志留系和石炭系之間，現在看來更有根據。但這趟旅程也帶出幾個有趣的問題，包括他們一再看到的神祕彩色砂質、泥巴和石灰岩懸崖。

莫奇森受到邀請再度前往俄國時，還在研究這些奇怪的岩石。這次邀請來自俄國政府，詢問他是否願意擴大在俄國測繪地質的範圍。俄國當局突然發現自己坐擁豐富的煤礦礦藏，可以把帝國帶入工業時代，但非常缺乏詳細資料。這個提議很吸引人，莫奇森認為他的英國志留系地層研究已經大致完成，再度前往俄國將有機會進一步證明泥盆系的普遍適用性。此外更重要的是把他不斷擴大的「志留紀王國」拓展到新的地方。這麼做也能大幅強化他在地質學界的國際能見度。他忖度：「我應該可以藉由執行這項計畫，製作翔實清楚的俄國地質圖，成為眞正的實用地質學家。」[31]

後來到一八四一年四月，他回到聖彼得堡「圓頂和亮眼的白色建築」，在這裡接受沙皇尼古拉一世為他舉辦的盛大歡迎儀式。莫奇森感到受寵若驚，寫道：「沙皇穿上全套服裝時，充分展現了人類身體本質[32]。緊身褲非常合身，尤其是大腿上半部，連私處的輪廓都看得出來。再看沙皇美麗的家人、皇后，我感受到了歷史。」[33]

莫奇森帶著舊的粗略俄國地質圖向沙皇解釋：「整個俄國北部地區的地層是我在歐洲其他地區花費多年時間分類和整理的地層。這些地層在俄國的遼闊程度讓我相當驚訝，可以提供西方國家想要的科學證據。」談到煤礦，莫奇森解釋，他在俄國北部的旅程證明那個地區幾乎全是志留紀和泥盆紀岩石，年代太早，不會有煤礦，但「我安慰他，俄國南部頓內次地區有大煤田，我決定要去那裡」[34]。沙皇很有興趣，為莫奇森提供一切協助，包括一份效力極大的皇家文件，有簽名和雙重密封，要求一路所有機關關照[35]。

莫奇森這次仍然由維爾諾伊和凱澤林陪同。他們的計畫是朝東穿越俄國的歐洲部分，前往烏拉山脈，再轉向南到哈薩克邊界和裡海，最後經過烏克蘭剛發現的頓巴斯（**Donbass**）採煤區。春天來臨，一行人回頭經過莫斯科，向東沿著窩瓦河河谷行進，樺樹已經冒出綠葉。在村莊裡，櫻桃園裡開滿白色的花。

有時他們晚上繼續趕路，身上蓋滿馬車揚起的塵土。他們經過「俗氣、經常骯髒、搖搖晃晃、快要倒塌的俄國小鎮」，「木材都已經歪斜」[36]，以及「永無止盡的砂岩和泥

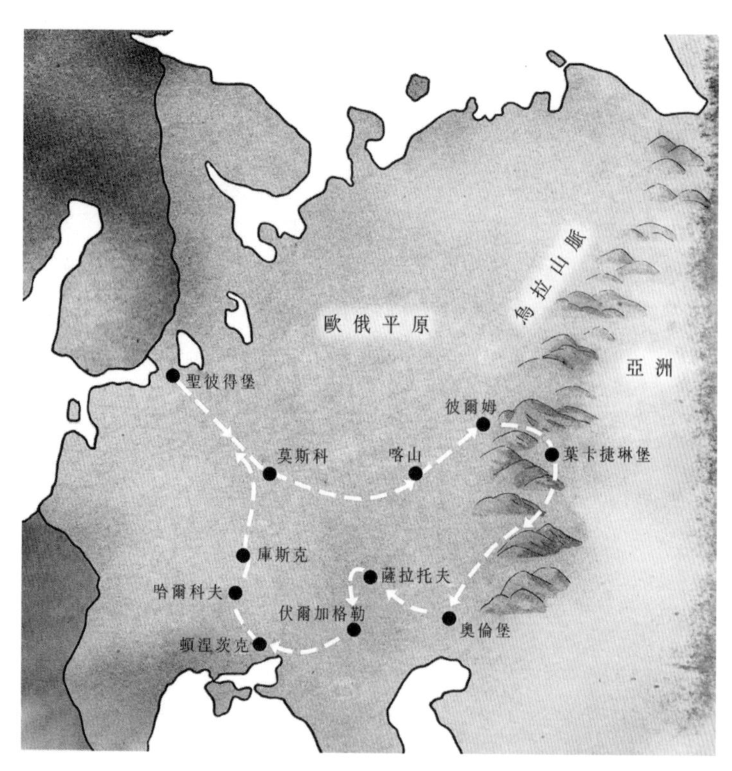

圖 6.1　一八四一年莫奇森前往俄國的重要旅程。

灰岩」低矮懸崖[37]。這些懸崖前一年的旅程中就很常見，但令人沮喪的是，沒有化石協助辨識它們。莫奇森惱怒地寫道，這個地區實在乏善可陳，而且「說難聽點，地面上的人們就和地底下的物質一樣，既狡猾又奸詐」[38]。他寫了一首糟糕的打油詩：

我厭煩透了紅砂岩
我願意付出一千個路易金幣
換取永遠不要再看到
韃靼的新紅砂岩[39]

這一小群人通過喀山（Kazan）。在這裡，天際線上最顯眼的是瘦瘦高高的堡壘塔，他們接受「肥胖而快活的副首長」招待，接著繼續向東行進[40]。窩瓦河在這裡朝南流向裡海，他們離開窩瓦河，沿著卡馬河（River Kama）寬闊平淺的河谷，向東前往烏拉山脈和西伯利亞。

一棵棵白樺樹羅列在河岸，遠方翠綠的俄羅斯中部山地，讓莫奇森想起威爾斯邊界。有些地方，河面寬達一公里半。天氣越來越溫暖，大群蚊子聚集在空中，感覺有點可怕，像是「一道道顫動的光，每一層都由無數隻這種生物構成」[41]。樹蔭下的溫度上升到攝氏三十度。安全的飲用水越來越難找到。莫奇森有一次記錄：「我們非常口渴。我昨天或今天只吃了麵包和兩個蛋，以及一點點涼的克瓦士（一種用穀類和舊麵包做成的溫和酒類），沒辦法喝水。」[42]

最後，在沼澤遍布的河岸艱苦行進幾天之後，他們終於爬出卡馬河谷，到達偉大的「西伯利亞之路」，這是幾條向東通往烏拉山脈的熱門通商道路之一。在遠方，彼爾姆（Perm）白色大教堂的高塔「突然出現」[43]。他們在這個剛形成的工業城市暫歇時，碰到一群流放政治犯，被判處在這個城市簡陋的銅礦和煉鐵廠工作。莫奇森的筆記再次透露出他並不同情這些流放政治犯，但他觀察到這個城市「有西伯利亞的味道」[44]。

他們繼續向東行進，經過一連串緩上坡，走向又長又低的烏拉山脈。莫奇森後面是「大片樹木分隔我們跟歐洲，也阻擋我們的視線」。前面是「遼闊的西伯利亞大草原，連綿不絕的無數冷杉和松樹」[45]。莫奇森或許注意到，附近有個著名的石柱。石柱西面刻著「歐洲」，東面刻著「亞洲」。但地質狀況改變不大。他們在小路附近發現更多彩色砂岩和石灰岩露頭，現在莫奇森稱之爲「紅岩系」（**Red System**）。

六月底，一行人終於到達葉卡捷琳堡（**Ekaterinburg**）「白色和綠色的教堂」，又熱、滿身塵土又疲倦。葉卡捷琳堡位於歐洲和西伯利亞間的公路上，是黃金開採中心。這個城市出乎意料地優美，大街兩旁有教堂、漂亮的塔和公共建築。在擁擠又有害蟲肆虐的鄉村住了幾個星期之後，莫奇森對舒適的城市生活感到十分愉快。他提到位於市中心的寬敞套房時寫道：「我在這裡最好、最乾淨的旅館裡寫這封信。客廳有綠色的沙發、精美的地板，沒有窗簾或百葉窗遮擋六扇窗戶的光線。我在這裡接待訪客。訪客經過臥室走到客廳，臥室裡是小小的行軍床，加上一般的桌椅。」[46]

有人告訴莫奇森，烏拉山脈中有大片志留紀岩石，後來幾星期，他不斷探勘長滿樹木的山坡，希望爲他自己的帝國找到更多領土。維爾諾伊和凱澤林在河谷中發現志留紀、泥盆紀和石炭紀砂岩和石灰岩層，周圍有火成岩脊。許多溪流被改道，爲礦場提供動力，乾涸的溪床上能看見清楚的地層截面。

在此同時，莫奇森造訪銅礦、鐵礦、金礦和鑽石礦。他寫道，這個地區彷彿曾經「下過黃金雨」[47]。他有時會遇見定期往返的囚犯隊伍，前往遠東地區的流放地：

那些人被鏈條兩兩綁在一起，頑強地跟著鼓聲走出來，趕在高熱的中午前於十點鐘到達暫停處……後面跟著二十多輛小車，上面是年老的、生病的犯人和糧食，以及特許優待者的妻子……感謝上帝，在英國，我們有海外領地可以放逐罪犯，因為這種景象看了非常令人難受。[48]

圖 6.2　從烏拉爾山「窺視西伯利亞」，《歐洲俄羅斯與烏拉爾山脈地質》。

但他也很高興的發現了含有化石的重要志留紀岩石露頭。「我幾乎無法分辨它和我自己在艾米斯翠和拉德洛發現過的騎士五房貝（*Pentamerus knightii*）有什麼不同。」[49]不過他很懊惱沒有精確的地圖來紀錄這些化石。他在日誌上寫著：「如果我是俄國皇帝，我一定會至少命令一千個穿著高級外套的懶惰官員，爲我製作好的地圖。」

我永遠忘不了去年在下諾夫哥羅德的驚奇感，市政府努力尋找地圖，以便在上面標出我朝莫斯科行進的路線……最後，這個俄羅斯的商業中心拿出的是旅行者用三盧布購買的小地圖，上面只有主要地點和小鎮的名字[50]。

即使如此，到了六月底，他還是滿意地掌握了俄國西部大片地區的地質狀況。一大片「紅岩系」分布在這個區域的中心，位於一片年代較早且向東和向西升高的石炭紀、泥盆紀和志留紀岩石中。這裡沒有提到塞吉維克年代更早的寒武紀地層，但如何歸類這些「紅岩石」的問題還沒有解決。目前莫奇森把它們分成三層。上面兩層非常類似他在英國看過的三疊紀新紅砂岩，底下一層的大片岩石很像他前一年看過的神祕鎂質石灰岩。現在的問題是，要把它們歸類為下方的石炭紀岩石，還是上方的三疊紀時期岩石，或者，它們是否可能代表目前還不知道的全新地質時期？莫奇森對最後這個可能性持保留態度。七月初，烏拉山脈的調查工作大致完成，該朝下個目標移動了。

他們選擇烏拉河[51]，沿河向南前往哈薩克。河岸變得「寬闊、單調又沒有特色」，樹木和泥巴逐漸變成「光禿禿、貧瘠又糟糕」的草地[52]。他們逐漸進入俄國大草原的砂質平原，視線可及之處遍布草地。莫奇森在日誌上寫道：「英國學會今天在普利茅斯開會，我舉杯祝會議成功。學會成員裡沒幾個人的心情能比身在西伯利亞的秘書長更愉快！」[53]

他們遇見吉爾吉斯人的帳篷，他們交易著皮革和布料，放版著一群群隨意漫遊的駱駝、單峰駱駝、山羊和公牛。燃料來源從木材變成乾糞便。大群椋鳥遮蔽天空，一群群杓鷸在他們經過時飛起，老鷹在他們上空盤旋。

到了哈薩克邊界（其實只是一條虛擬的線），他們轉向西方，沿著砂質小路行進數百公里，橫越被夏天的太陽曬成黃色的平淡草地。最後，他們到達窩瓦河中游的河岸。「枯燥、乾旱，看不到草」，完全不同於他們往北行進時走的河[54]。他們經過低矮的河邊懸崖，白堊位於「頁狀、粗砂狀的薄層」石灰岩上方，代表這裡的地質再度改變，他們進入年代較近的新地層，後來莫奇森將它命名爲侏羅紀石灰岩，以及窩瓦河河谷下游的石炭紀白堊。

再往南走，草地變得更少，最後變成沙漠。莫奇森寫道：「發生飢荒的可能性每一步都在升高。」[55]溫度再次升高，塵土飛揚又沒有樹木的荒原一路延伸到地平線。他們發現含有滿月蛤（**Lucina**）和銀錦蛤（**Nucula**）等雙殼貝和錐螺（**Turritella**）等化石的泥岩和砂岩，代表這裡的岩石年代更近，他們也從白堊紀進入第三紀的泥岩層。現在莫奇森知道，俄國中部的岩石大多是「紅岩系」、泥盆紀和志留紀時期，而俄國南部地區的年代則顯然晚於石炭紀，所以他可以放心地向沙皇報告，南部大草原不大可能有煤礦。

八月中，他們到達窩瓦河下游的港口薩拉托夫（**Saratov**），窩瓦日耳曼人（**Volga Germans**）聚居在這裡。一百年前，俄國凱薩琳大帝邀請日耳曼人移居到這個地區，改善這裡的農業[56]。走到這裡時天氣改變，下起俄國南部地區著名的夏末大雨。泥濘季節開始，道路變成沼澤。莫奇森心情低落地寫道：「俄國人很清楚這個秋天時期，每個明智的人都暫停工作。我們只會掉進泥坑裡！」[57]

他們匆忙地經過潮濕的小村莊察里金（**Tsaritsyn**），這裡是「破敗的廢棄堡壘」[58]，後來發展成大城市伏爾加格勒（**Volgograd**）。八月底，他們終於告別乾旱的窩瓦河河谷，開始向西走，橫越砂質高原，前往烏克蘭的頓巴斯地區。這個地區的名稱源自頓內次河，有哥薩克村莊和茂密的玉米田。

他們又回到年代較早的石炭紀岩石。近來發現地表附近有厚煤層，小規模的採煤產業開始出現。莫奇森答應俄國當局會研究這裡的潛力。他很快就覺得不喜歡這裡。想大撈

圖 6.3 俄羅斯大草原，接近地平線處是奧倫堡（Orenburg）。

一票的人和探險，受煤礦和好賺的錢吸引，從俄國各地來到這裡，這個地區也以暴力和缺乏法治而惡名昭彰。在鎮上，街道擠滿馬車和駱駝。莫奇森發現礦場大多很小，成效很差。在某個礦場裡，坑道水平挖進山坡，沒有支撐或頂樑，經常坍塌。還有一處礦場的經營者是「軍事移民區」，礦坑淹水已有兩年之久。軍事移民區是俄國的特殊機構，工人一部分時間採礦，一部分時間服兵役。

莫奇森大聲疾呼：「這裡的制度荒謬得超乎想像。鄉村（當然包括礦坑）屬於構成村莊的軍事移民區。軍事移民區由自己的機關和戰爭部管理。他們要求派礦業工程師來，這個可憐人就被派來帶我們執行工作……他讓礦坑繼續積水。」[59] 在莫奇森看來，這位被指派的工程師顯然對他做的事不感興趣。他斷定，頓巴斯是個「糟糕的鄉下」，這裡的人民「經常偷竊」[60]。

十天之後，他覺得受夠了，應該回到沙皇那裡。他驚恐地寫道：「在這麼炎熱又乾旱的夏天之後，通往莫斯科的道路就像撤退的軍隊走過的路。死掉的馬很多，我們走了三十俄里（約三十二公里）就看到路邊有七匹或八匹，喜鵲和烏鴉開心地享用牠們的屍體。」[61] 他們陸續經過哈爾可夫（**Kharkov**）、別爾哥羅德（**Belgorod**）和庫爾斯克（**Kursk**）等俄國城鎮，地質再度改變。他們慢慢回到過去，從石炭紀的灰色岩石，到上次在烏拉爾山看到的老紅砂岩或泥盆紀砂質、白堊和「紅黃色」粗砂。

莫奇森在莫斯科花了一星期時間準備報告，再出發到聖彼得堡。在聖彼得堡，聽眾和尼古拉一世再度溫暖了他的心。莫奇森以專門用於這類場合的敬畏口吻寫道：「大門打開的那一刻，陛下光彩高貴的面容，和他伸出的手，以最親切的歡迎，讓我們感到溫馨。如果說我在春天感受到的是他有力的擁抱給予的溫暖，那麼現在對我而言，他跟我握手是朋友在歡迎我歸來。」[62] 他們討論了這次考察成果以及俄國潛在的金礦和煤礦。莫奇森重申他一向的主張，認為雜砂岩中不可能有煤礦，並且證實他的想法，認為俄國最大的煤礦礦藏位於「南部產量豐富的大片石炭紀區域」，也就是頓巴斯地區[63]。

最後到十月底，莫奇森返回倫敦。他乘坐馬車五個月，走過的距離一萬兩千公里已大約相當於地球直徑[64]。他生了病又疲倦，晚上經常譫妄症發作。英國大使館的醫師建議他暫停行程，但莫奇森決心要在冬季風暴侵襲波羅的海和北海之前回家。一八四一年十一月一日，在濃霧的天候中，他返抵英國恒伯河口，再轉往倫敦。

接下來九個月，莫奇森待在貝爾格萊維亞的書房，研究他的筆記和思考他採集到的化石的關聯。他已經把「他的」志留系擴大到涵括歐洲東部和俄國的大片地區，也進一步確定泥盆紀存在。但俄國的「紅岩系」岩石才是真正的驚喜。

一八四二年四月，莫奇森和維爾諾伊在倫敦地質學會會議上表示，他們在俄羅斯中部大片地區發現的神祕紅色石灰岩和砂岩，外觀和成分都非常類似英格蘭北部和德國部分地區的鎂質石灰岩露頭。更重要的是，化石紀錄中動植物群的特徵介於石炭紀和三疊紀兩個地質時期之間。其中有一種類似貽貝的小型甲殼類被稱作「凱薩琳」（Cytherinae），

基本分類	地質時期
第二紀岩石	白堊紀
	侏羅紀
	三疊紀
	★二疊紀
	石炭紀
過渡岩 / 雜砂岩	泥盆紀
	志留紀
	寒武紀
第一紀岩石	

圖 6.4　莫奇森於一八四一年發現二疊紀後的新地層表。

在石炭紀或較晚的三疊紀新紅砂岩中從未發現，代表這是我們完全不熟悉的生態系。這是地球史上目前還不清楚的時期，介於石炭紀含煤岩石和三疊紀砂岩之間。莫奇森和維爾諾伊稱之為「二疊紀」(Permian)，名稱源自俄國城市彼爾姆(Perm)。[65]

有些地質時期是經過好一番努力才取得承認，但二疊紀卻順利得出奇，全世界地質學家毫無質疑地接受，很快就成為地球岩石地層表中的一份子。

莫奇森一八四〇到一八四一年的俄國之行，被視為十九世紀的重要科學考察，不遜於同時代的南美洲、喜馬拉雅山和尼羅河源頭之行[66]。這兩次旅程，讓莫奇森從籍籍無名的英國地質學家變成國際級人物。對維多利亞時代許多受過教育的人士而言，他的成就代表大英帝國的勢力和重要程度。英國國會剛剛宣布英國擁有紐西蘭，英國東印度公司負責治理印度次大陸大多數地區，大衛．李文斯頓（**David Livingstone**）準備宣布擁有非洲大陸大片地區。英國地質學現在提出鑑定及分類世界各地岩石的範本。英國佬不僅引領歐洲地質學，也領先全世界[67]。

莫奇森的態度相當高傲。他現在自然而然地說「我的」志留系，而且將它視爲私人勢力範圍。他的傳記作者阿奇伯爾德．蓋奇（**Archibald Geikie**）觀察到，這或許可以比做「他一手創立的龐大事業，所有細節都由他完全掌控，並且辛苦地拓展到其他國家」[68]。

不是每個人都樂見這個狀況。地質史學家塞科德引述一位「印度資深人士」回想在喜馬拉雅山中的多年經驗，懷疑自己的想法爲什麼應該「隨莫奇森前一篇關於什羅普郡的論文而起舞」[69]。

然而，儘管莫奇森的帝國現在看似穩如泰山，但基礎卽將崩壞。

CHAPTER 7

志留紀與寒武紀爭議

（1841～1852年）

劍橋的中心附近，在光鮮亮麗的商店、立體停車場和平價超市後方，是劍橋大學的塞吉維克博物館，這裡有全英國規模最大的化石收藏，標本疊放在木製深色展示盒裡，展品說明的字體通常是整齊的斜體手寫字。這個地方非常了不起，它展示了每個化石的所有細節，包括屬名、種名、發現地點和此地點的岩石種類等，據說擁有兩百萬個標本，從五億年前的寒武紀三葉蟲、腕足動物，到志留紀的雙殼貝、泥盆紀的魚類和大量侏羅紀的菊石、箭石（又稱爲閃電石，thunderbolt）。

塞吉維克假如來到現代，大概認不得這個地方。一八一八年他接手管理劍橋大學的化石收藏時，標本只有寥寥幾盒，大多來自十八世紀伍德沃德的捐贈[1]。多年以來，塞吉維克添加了一些收藏，有時還捐出自己的錢。一八三〇年代晚期，收藏增加到四十多個盒子和木箱，標本超過十萬個，雜亂地存放在他的房間裡[2]。許多標本完全沒有拆封或鑑定，塞吉維克已經接近他輕描淡寫形容的「地質壅塞」狀態[3]。等待超過十年之後，到了一八四一年，這些收藏終於在劍橋大學庫克萊爾樓（Cockerell Building）中的新圖書館裡獲得永久的一席之地[4]。莫奇森準備第二次前往俄國的同時，塞吉維克終於得以開始打開他的考察箱，看看裡面有些什麼。

狀況越來越緊迫。莫奇森探討志留系的書籍一炮而紅，而且志留系在化石紀錄中有堅實的基礎，另外提出一個寒武系的必要性似乎越來越薄弱又不明確。許多地質學家認爲塞吉維克將結構、岩石和化石標記等依據任意搭配的方式，太過複雜也太過獨特，很難實際運用。他一直沒有寫出期待已久的「大作」來提高可信度，因此對許多地質學家而言，寒武系的正當性仍然有爭議。一八四一年夏天，查爾斯·萊爾（**Charles Lyell**）在頗具影響力的《地質學概要》（*Elements of Geology*）新版中，質疑是否有理由繼續把寒武紀視爲不同的地質時期。

塞吉維克開始格外認眞地處理「龐大的拆封工作」。在三個月內他清理了一箱箱標本，「對大學而言損失很大，對我而言很棒」[5]。他開始尋找寒武紀特有的生命形式的證據時，地板和長椅上擺滿了海百合、腕足動物、三葉蟲和珊瑚螺。這些標本來自威爾斯中部和北部各地，許多已經損壞破碎，難以辨認。但塞吉維克解決了這些問題，把每個標本都歸類到適合的科。有件事變得十分明確：沒有一個標本是寒武紀岩石所特有，下志留紀喀拉多克砂岩中同樣有它們的蹤跡。的確，莫奇森用了很多這些標本來爲他的志留系書籍繪製插圖。

最後，到了一八四一年秋天，塞吉維克宣布他已經爲這個明顯的漏洞找到解釋，將在當年十一月的倫敦地質學會會議中公開。學會成員聚集在位於河岸街（Strand）俯視泰晤士河的豪華會所時，[6]現場瀰漫著一股期待的氣息：他究竟怎麼解決這個難題？塞吉維克一開始向擁擠的聽眾席說，他接受寒武紀時期「新的生物似乎非常少」。[7]但這無損其重要程度。眞正重要的是在地球史上的這個時期，新的生命形式開始出現，但到後來的志留紀時期才發展完備。這兩個系統的生命形式相同，兩者之間的差異是新生物出現時，生物種類的數目（以及特定物種的優勢地位）將隨時間改變。換句話說，寒武紀時期的特徵是，逐步漸進地出現後來會成爲志留紀生物的物種，並不是自有獨特的化石紀錄。

這不算是全新的概念。五年前，塞吉維克先前的夥伴達爾文從南美洲和加拉巴哥群島回來，帶來了革命性的演化論，其概念是生命形式隨時間而改變及發展。塞吉維克和許多虔誠的基督徒一樣，無法接受演化這麼極端的想法，但他確實也認同生物隨時間改變，不過是依據上帝對地球的計畫。這個計畫我們只能模糊地感覺到，而且隨時都在改變。地質史學家塞科德曾說，演化像捲軸一樣慢慢展開，逐步呈現新的生命形式。確實，這個捲軸展開的概念，正是泥盆紀當初被接受爲地球史上獨立時期的基本理由。當時生物逐漸從海洋登上陸地。

依據相同的邏輯，志留紀生物很有可能也是逐漸出現，因此寒武紀沒有特有的化石。但這個時期完全沒有獨一無二的生命形式的說法太過新穎，塞吉維克力推的「漸進論」模型，沒能獲得學界支持[8]。許多聽眾期望的是直接提出獨特的化石指紋，因此普遍反應是「失望和沮喪」[9]。愛爾蘭醫師及地質學家威廉・費頓（**William Fitton**）曾經擔任倫敦地質學會會長，總結了許多會士的感受。他指出，除非寒武紀地層有自己的生物殘骸特徵，否則把它和志留系分開純粹只是爲了方便[10]。聽眾群中的年輕律師愛德華・邦伯瑞（**Edward Bunbury**）後來向原本就抱持懷疑的萊爾表示：

論文逐步公開，我們聽到史諾登尼亞中央的卡拉多克砂岩化石，起先是昆布蘭郡（Cumberland），接著是威爾斯北部，似乎都和下志留系無法分辨。大家都想喊：「寒武系呢？在哪裡？」回音回答著：「哪裡？」自始至終都沒有說明[11]。

一八四一至四二年冬天和春天，對塞吉維克而言一定相當難過。莫奇森已經從俄國回來，自信滿滿，現在自認爲是已經登上國際舞台的重要人物。他可以宣稱已經測繪歐洲和俄國許多地區的地質，而且鑑定出三個新的地質時期並獲得國際認可，成就超越所有地質學家。此外，他的妻子夏綠蒂剛剛繼承一大筆遺產，夫妻兩人從位於倫敦布萊恩斯頓廣場（Bryanston Place）比較低調的住宅，搬到貝爾格雷夫廣場（Belgrave Square）的豪宅，這裡是英國首都最高級的地區。

莫奇森現在定期舉行盛大的派對和晚會。一段記述提到：「國務大臣、貴族、科學界、文學界、藝術界人士和旅行者都在這裡聚會。」[12] 年輕且剛嶄露頭角的作家約翰・拉斯金（John Ruskin）寫道：「我不知道莫奇森多有錢，但這眞是有夠誇張的。房間都是淺灰色和金色，華麗的屋簷和阿拉伯式花紋，就像彩色的龐貝城。家具都是深紅色花緞絲綢和黃金，完全看不到木頭，至少四名男僕來來回回把每個來賓的名字傳遞到樓上。」[13] 莫奇森過去的失敗，不怎麼傑出的軍旅生活，以及無法成爲鄉紳的過往，都已經煙消雲散。據說他現在刻意培養「退伍軍官的特質」，而且在無數的晚餐後演講中「不厭其煩地提到他早年在半島戰爭中的功勳」。[14]

這一切都有賴夏綠蒂在背後協助。她累積了不少自己的化石收藏，頗受敬重，被評價爲「文雅、聰明，又能談論各種主題」[15]。朋友們發現莫奇森在這一年內變得更自大也更高傲，依據某個同事的說法，他「對反對意見越來越不耐，而且越來越喜歡要求其他同事在他們的作品中特別肯定他的貢獻」。[16]另一位同事則說，此外他很容易「以高人一等或居高臨下的態度談論同時代的其他學者，尤其是年輕人。他以前可以說是軍隊的團長，現在更覺得自己已經擁有師級將領的權力」。[17]

塞吉維克平凡單調的生活，跟莫奇森對比之下落差極大。不過塞吉維克現在也擁有舒適的房屋，俯瞰著三一學院美麗如畫的大庭院（Great Court），有一間臥室，飯廳裡掛著約克郡谷地、諾里奇和湖區的風景水彩畫，還有許多椅子和沙發，還有一間擺滿書的房間，他大多坐在這裡，桌上和大多數椅子上擺滿信件和紙張[18]。他也舉行和參加派對，經常「不請自來地出現在好朋友桌旁」，他以健談聞名，因此「他開始講故事時，四周就一片寂靜，直到他講完爲止」[19]。但這些聚會跟莫奇森光鮮亮麗的晚會相比，只是小巫見大巫，同時，塞吉維克仍然被教會和大學工作綁得動彈不得。

冬天這幾個月，他繼續在諾里奇大教堂執行牧師工作，生活成爲單調的例行公事。他在給朋友的信中寫道：「我起得很早，通常是五點到六點之間，早上做完所有工作，通常其他人還沒有開始活動。我的僕人九點鐘來，九點十五分早餐，早上十點在大教堂晨間禮拜，禮拜後處理一些雜務，交代些事情或購物等等，一點鐘午餐，接著是跟我姪女一起騎馬（我有時間的時候），四點鐘又在大教堂主持禮拜，六點鐘晚餐。」[20] 在劍橋，他必須面對的工作同樣繁重。他寫信給姪女芬妮：「眞希望你能來看我，我最近脾氣很糟，但又像一塊香噴噴的牛排，周圍環繞著六十九個可憐的大學生。我要這些學生翻譯一大段拉丁文，讓他們苦惱不已。」[21] 芬妮是他經常通信的許多女性之一。

在此同時，他的健康也日漸變差。劍橋地勢低窪、潮濕又寒冷。來自北歐和俄國北部的刺骨寒風呼呼地吹過三一街，塞吉維克年年因爲流感和痛風而病倒，使他臥病在床，無法工作。他寫信給凱特．麥爾坎（**Kate Malcolm**）時寫道：「這三個月來……我在流感攻擊下幾乎都待在壁爐邊（一部分時間在臥室）。」凱特是老友的女兒，也是經常通信的女性之一[22]。「只要流感一好，風濕性痛風就取而代之，所以我去泡了今年四月去過的巴斯溫泉，想把病魔趕出骨頭。」[23]

更重要的是，他探討年代較早的雜砂岩的「大作」已經慢慢有了進展。他的傳記作者約翰・威利斯・克拉克（John Willis Clark）和湯瑪斯・麥肯尼・休斯（Thomas Mckenny Hughes）寫道：「它設想的規模太龐大，撰寫時的細節又太多，偏偏作者的生活被其他事物佔據，又苦於持續不斷且越來越嚴重的疾病。」[24] 塞吉維克自己在沉思時也意識到這個問題。他深思後寫信給莫奇森道：「我可能會到德國隱居一年，在某個水療地租個房子。這樣我寫書的速度可以輕易提高。我好了之後，就能寫得很快，而且我現在覺得資料都已經準備好了，但在劍橋，各種感覺讓我困擾不已。」[25]

莫奇森相當幫忙，但現在他顯然有自己的計畫。一八四二年二月，他第二次當選倫敦地質學會會長。在會長就職演說中，他回頭談到寒武系和志留系地層之間的界線問題。他告訴塞吉維克：「我在其中加入很多資料，包括國外和國內。」[26] 一位聽眾表示：「他在這篇演說花了很大的功夫，在文字密密麻麻的學會會刊中佔了四十頁，光是份量就足以使讀者和聽眾感到疲倦。」[27] 此外，他也毫不害臊地自吹自擂，做作地寫道：「藉由自己的獨創研究，爲一群岩石加上永久的名字，是地質學家嚮往的最高榮耀。」[28] 這是指他自己命名了志留紀、泥盆紀和二疊紀等時期。

但他演說的重點集中在他和其他人早已知道的概念。他主張：「寒武紀岩石中是否有不同於下志留紀的化石，仍然有待確定。如果大自然給出的答案是否定的，則下志留紀顯然必須視爲雜砂岩眞正的基底。」寒武紀則應該僅限於非常古老的岩石，其中沒有任何化石紀錄[29]。八年前把吉力格林採石場等地點的巴拉岩石隨意判定爲寒武紀，同時把什羅普郡小村莊梅佛德極爲類似的卡拉多克岩石判定爲志留紀，這個一八三四年的舊論，回頭纏上了塞吉維克。莫奇森現在宣稱巴拉石灰岩在他的範圍內，現在屬於擴展的志留系[30]。這個概念不僅把他的「封地」擴大到接近整個威爾斯，也意味著志留紀是地球史上開始有「生物存在」的時期[31]。

塞吉維克錯過了這次會議。他事後看到會議紀錄時一定覺得十分驚愕。如果要阻止莫奇森試圖奪取巴拉石灰岩和鄰近的岩石，他必須提出證據來支持他的「漸進論」概念。

六個月後，一八四二年夏天，塞吉維克帶著新的進攻計畫回到威爾斯。先前造訪時，他留意到，柏文山中除了有巴拉石灰岩層，似乎還有其他石灰岩層大致呈南北走向通過這個地區的山丘，就像牛排上的雪花紋路一樣。他原本一直認爲，在威爾斯北部從東向

1834年的共識		擴展的志留系	
上志留紀	拉德洛岩石	上志留紀	拉德洛岩石
	溫洛克石灰岩		溫洛克石灰岩
下志留紀	卡拉多克砂岩	下志留紀	卡拉多克砂岩
			吉力格林/巴拉石灰岩
	蘭代羅薄砂岩		
上寒武紀	柏文山板岩		
	吉力格林/巴拉石灰岩		蘭代羅薄砂岩
下寒武紀	史諾登尼亞板岩	寒武紀	

圖 7.1　一八四二年擴展的莫奇森志留系

西走時，岩石越來越古老，所以石灰岩層應該也是如此。現在他的新想法是回頭觀察這些模糊的石灰岩層，希望穿過開闊的泥炭沼地，從史諾登尼亞走到英格蘭邊界時，能遇上一些化石來支持他的「漸進論」。這些石灰岩層是這個地區少數的化石來源之一。

他已經掌握很有意思的證據。幾個月前，塞吉維克收到「業餘」地質學者約翰・包曼（**John Bowman**）的幾封信件。包曼是雷克斯漢姆的退休銀行經理，四十五歲就賺夠錢，使他可專心研究自然史。包曼近兩年夏天都在刷擦這些石灰岩層。在史諾登尼亞北側山坡最西邊的露頭，他發現了下志留紀的化石，包括布西櫛蟲（*Asaphus buchii*），這種櫛蟲（三葉蟲的一種）的化石，被視爲莫奇森的下志留紀蘭代羅薄砂岩的重要標記。

但史諾登尼亞的位置牢牢被歸類爲寒武紀的地區。包曼的發現指向兩個可能的結論：第一個是威爾斯的志留紀岩石範圍遠大於任何人目前的想像，如此一來，志留紀時期的基礎將更加薄弱。第二個是這可能證明塞吉維克的「漸進論」模型正確，塞吉維克當然希望如此。

這個化石是否可能是單一事件，有一隻布西櫛蟲很早就出現在寒武紀期間，但下志留紀才是它的全盛時期？如果確實如此，他們朝東走向英格蘭邊界年代較近的岩石時，布西櫛蟲等生物應該會變得越來越常見。

塞吉維克希望親自跟包曼走一趟，但當年冬天，這位退休銀行經理突然去世。少了他陪同，所以塞吉維克和威爾斯首屈一指的古生物學家，一位「神經容易緊張的人物」約翰·薩爾特（John Salter）一起前往[32]。薩爾特當時二十二歲，專門知識豐富而備受敬重，但這也代表化石研究當時才剛萌芽。薩爾特已經爲莫奇森提供重要協助，負責鑑定和分類莫奇森的志留紀化石收藏，並爲他的「志留系」繪製插圖。塞吉維克告訴朋友，他是

「優秀的年輕博物學家」，「似乎相當喜愛古老的化石物種」[33]。這是塞吉維克第一次感到有必要找古生物學家一起前往，代表他認爲這次行程十分重要。

我想像他們兩人坐上郵遞馬車，沿著工程師泰爾福德（**Thomas Telford**）建造的「愛爾蘭幹線」道路行進，車頂放著行李，經過英格蘭中部，越過塞文河，來到蘭戈倫以及迪河河谷的砂岩和石灰岩。道路從這裡開始爬升，經過開闊的牧草地和泥炭沼地，繞過阿爾尼格山（**Arenig Hills**）北側邊緣，最後到達史諾登尼亞雜亂的岩石和複雜的地層。

塞吉維克的田野紀錄和素描本，現在保存在劍橋西部郊區一棟不知名的紅磚建築裡，筆跡十分難以閱讀。塞吉維克原本寫字相當漂亮，但慢性關節炎導致他拿筆困難，此外他寫下許多筆記時正坐在顛簸的馬車上。這些因素使筆跡有時又小又擠，有時又大又傾斜，單字和線條經常混在一起，難以辨識。儘管條件困難，在歐洲蕨轉成秋天的金黃色之際，他們兩人仍然在荒涼美麗的泥炭沼地停留了幾個星期，到這個地區的各處採石場和河岸，梳理石灰岩層的模糊線索，最後塞吉維克不得不趕緊回諾里奇執行教堂工作。

塞吉維克寫道：「我們一起愉快地度過許多天。每天晚上我在沙發上睡著時，薩爾特寫筆記、標示化石、泡茶，再及時叫醒我上床睡覺。」[34]文件指出他們找到八或九個模糊且不連續的石灰岩層，大致呈南北走向，通過由柏文延伸到史諾登尼亞的山地。在他們認爲年代最早的最西邊，科米德沃爾（**Cwm Idwal**）有個懸谷高掛在史諾登的北側山坡。那裡有個冰川湖泊，三面被陡峭的山丘環繞。包曼就在這裡發現布西櫛蟲的化石。東邊六十四公里，在柏文山側面，格林賽洛格（**Glyn Ceiriog**）村附近，賽洛格河谷中一系列壯觀的懸崖和石灰岩採石場，理論上年代最晚。這兩者之間有大約六個模糊的岩層，年代也介於中間。

要看出這些岩層，最需要的是豐富的想像力[35]。我發現它們不可能直接觀察到，但在田野工作中一向十分嚴格的塞吉維克，顯然決定運用一切可能找到的證據來支持他的漸進論概念。但結果相當令他失望。這些石灰岩露頭中找到了十五到二十種三葉蟲、腕足動物和海百合。儘管其中許多已經嚴重損壞，難以辨認，但有一點非常清楚：他們兩人由西向東通過石灰岩層，再度造訪吉力格林的採石場等地點時，化石紀錄沒有明顯變化。行程結束時，塞吉維克不得不承認，他起初希望能找到「某些明確的族群在廣大地區呈現連續的上升趨勢……但最後失敗了」[36]。寒武系仍然沒有堅實的基礎。在此同時，志留系則看起來更加堅不可摧。[37]

一八四六年，莫奇森將兩次俄國之旅的成果公開發表。《歐洲俄羅斯與烏拉山脈地質》（*The Geology of Russia in Europe and the Ural Mountains*，以下簡稱《俄國地質》）正如某位評論家所說的，又是一部「巨著」。[38] 年代較近的另一位評論家表示，這部書籍「無法忽視。全書重達六公斤，其中有許多精美的化石和風景圖片，是大多數地質學家夢想寫出的全面性專題著作」。[39] 各方盛讚紛至沓來。一位評論者把莫奇森比做哥白尼，稱《俄國地質》是「與發現地球繞日運行同等重大的成就」。[40]

這部書共有兩冊，第一冊的主要作者是莫奇森，描述俄國西部岩石是一片無擾動的廣闊層序，從生命出現之前、最古老的第一紀岩石，經過志留紀、泥盆紀和石炭紀，直到二疊紀和更近的時期。這些年代大多依序形成分明完整的岩層，顯然是目前爲止最清楚完整的地球史紀錄。當然，其中缺少了寒武紀，但因爲沒有明確的化石特徵，所以莫奇森認爲他並未發現足以支持寒武紀存在的證據。支持莫奇森這個看法的詳細證據發表在以法文撰寫的第二冊。第二冊的主要作者是維爾諾伊，書中以目錄列出構成不同地層的化石紀錄，並且以科區分，例如泥盆紀的海百合、軟體動物和原始魚類化石。

《俄國地質》是雜砂岩的決定性記述，是當時最完整的古代地球岩石紀錄。這部書涵括的範圍極廣，在某些方面正是十五年前塞吉維克答應參與科尼貝爾和菲利普的《英格蘭與威爾斯地質概要》第二冊時就開始撰寫的書籍，因此似乎也宣告了「擴展」志留系已經大勢底定，使寒武紀退居地質時代的邊緣。

對這部傑作與作者的推崇蜂擁而至，這是「莫奇森自從半島戰爭以來就一直渴望獲得的榮耀」[41]。他的傳記作者蓋奇寫道：「《俄國地質》出版後，莫奇森躋身第一等地質學家的地位已被普遍公認。」[42]俄國人贈送他許多尊崇的象徵，包括鑲鑽的鼻煙盒、超過一公尺高的沙金石花瓶，上面閃著點點黃金。沙皇尼古拉一世也邀請莫奇森擔任皇家科學院院士，這個職位賦予他「至尊閣下」（The Right Honourable，簡寫爲Rt. Hon.）這個尊銜。莫奇森非常在乎這類稱謂，樂不可支，同時也急切地想知道如何在祖國展現這項榮耀。後來當年，英國維多利亞女王也比照俄國，以莫奇森的科學成就爲由封他爲騎士，讓他取得「Rt. Hon.」這個尊銜。

塞吉維克寫信恭喜他：「您的榮耀得來十分辛苦，可說實至名歸。這些榮耀是艱苦和許多卓越成就的成果。」[43]朋友們開始半開玩笑地稱呼莫奇森為「雜砂岩閣下」、「志留紀伯爵」，甚至「志留斯基．歐拉洛斯基」[44]。化石收藏家瑪麗．安寧是他的忠實崇拜者，把他視為自己的「理想男性」[45]：「絕對是我這輩子見過最帥的。」[46]在她的書信中還有一首同是莫奇森崇拜者的朋友寫的詩，內容是這樣的：

誰首先調查俄國地質，
又斷定太古的年代，
還研究了斯堪地那維亞的板岩？
是羅德里克爵士！
是誰計算出自然界的巨變，
證明下志留紀岩石，
是更古老岩石的碎屑？
是羅德里克爵士！[47]

這首詩充分展現莫奇森的社會地位，或許也透露了他的自負。大約這個時候，他委託維多利亞女王最欣賞的藝術家愛德華・藍德希爾（**Edward Landseer**）爲莫奇森夫人的狗作畫，是一幅「十分令人讚賞的珍貴作品」[48]。

三年之後，不列顛科學促進會在伯明罕舉行的會議中，莫奇森終於獲得他認爲最重要的讚揚。一場特別會議在杜德利城堡寬敞又有煤氣燈照明的地下石灰岩開採場中舉行。他在會議中向大約一萬五千名熱情的崇拜者介紹志留系的重要程度[49]。依據《倫敦新聞畫報》（*Illustrated London News*）報導：「暗號一下，紅色和藍色火炬在洞穴各處點起，視覺效果極度震撼和壯觀，在湧入洞穴的群眾間引發一陣崇拜的驚呼。」[50]

以下這段關於這次盛事的記述，顯示了莫奇森的地位如何更上一層樓：

為了表達感謝之意，牛津主教薩繆爾・威伯福斯博士表示，雖然卡拉塔庫斯是志留的古代國王，但羅德里克・莫奇森爵士把志留王國的領土擴展到幾乎沒有邊際。因為這些志留紀岩石，他應該稱為志留王國的現代國王。這位主教後來拿起隨身攜帶的巨大擴音筒，要現場所有人跟他一起喊：志留國王萬歲！停頓一下之後，又喊了第二次和第三次。在場群眾以宏亮的聲音和熱烈的心情三呼萬歲。從此以後，莫奇森爵士就十分自豪的被稱為「志留國王」[51]。

達爾文後來評論：「莫奇森重視身分地位的程度，簡直到了荒唐地步，而且他像小孩一樣毫不掩飾地表達這種感受和他的自負。」[52]莫奇森洋洋得意的態度有個典型的例子，是他受到法國國王路易．菲利普（**Louis-Philippe**）邀請，前往報告他的地質之旅時十分開心（這位國王不久後遭到罷黜）。他趕緊渡過英倫海峽，「穿著全套正裝，手上拿著我的《志留系》」，瘋狂地詳細記錄他在法國宮廷受到的「超規格友善親切」接待：

我的馬車靠近側門時，側門立刻打開，通往一間小房間，裡面有幾位僕役正在寫字，如同在帳房裡一樣。其中一位請我坐下。過了一會兒，一位侍者出現，以宮廷式的典雅法語問我：「Est-ce que Monsieur vient voir le Roi?（閣下是覲見國王的先生嗎？）」接著告知，國王等一下就會見我。約莫等了幾分鐘後，侍者回來說：「Le Roi vous verra！（陛下接見您！）」同時這個寫字間有一扇門打開，國王就在裡面，似乎是他親自為我開門。沒有侍從、沒有官員，在國王和許多人走過的拱道之間，連個衛兵也沒有[53]。

對於地質學界的許多人而言，莫奇森對身分和皇室的著迷成爲消遣的話題。當時有個人寫道：「莫奇森太愛追求名聲，總想攫取不屬於自己的東西。」[54]但這樣還有個更嚴重的副作用：他獲得崇高地位，正代表著他堅決支持完全依據化石來分類地球岩層的做法，現在已經獲得普遍接受，因此相關的「擴展志留系」概念也是如此。《俄國地質》的出版，及其所受到熱烈歡迎，代表一八三四年莫奇森和塞吉維克對寒武系和志留系間界線的「紳士約定」，終於澈底公開地瓦解。十年來，兩人「領土」之間的界線原本大致維持得還不錯。

現在，上寒武紀的巴拉石灰岩和柏文山板岩，以及下志留紀的卡拉多克岩和藍多佛瑞（Llandovery）岩石的岩性和化石指紋幾乎完全相同，代表對大多數人而言，把它們納入擴展的志留系十分合理。莫奇森當時寫道：「就礦物學而言，世界上其實沒有眞正的界線。而就生物學而言，連塞吉維克自己也同意，目前沒有獨立的化石集合確定屬於寒武紀。」[55]

極受敬重的倫敦國王學院地質學教授約翰．菲利普一向反對莫奇森的單純地層，呼籲大家謹愼處理[56]。他寫道：「我想再次表達，暫時不要在最符合大自然的模糊差異上，確立的明確界線。」並且主張，能眞正反映眞實世界的地層系統，必須更精細、更複雜：

莫奇森的志留系是非常傑出的整合，莫奇森獲得的喝采都實至名歸，但我希望大家在他提出的分類系統的基礎和架構之上，再進行新的探索與分析，找出新的重要關係[57]。

菲利普再度提到兩個地質時期或許可能含有相同的化石紀錄，但很少人想聽。塞吉維克的寒武系似乎將就此終結。

很快地，莫奇森的擴展志留紀獲得正式認可。貝什的英國地質調查所目前已經成長爲有七、八名年輕地質學家的團隊，負責測繪英國地質。一八四〇年代初期，調查所人員穿著規定的藍色嗶嘰布軍裝式制服、銅質鈕釦和大禮帽，移動到威爾斯南部，後來幾年逐漸朝北移動。到了一八五一年，團隊成員發表了威爾斯中部和北部地圖，被公認爲可信度最高。我們立刻就能看出，這份地圖深受莫奇森的擴展志留紀概念影響。圖中把上寒武紀和下志留紀時期合併成一連串起伏的貝殼石灰岩層，證實它們的想法，認爲上寒武紀和下志留紀這兩個名詞指的是相同的一系列岩石[58]，因此把它們標註爲「志留紀」。

塞吉維克的寒武系，只剩下最古老又沒有化石的史諾登尼亞板岩，也就是有化石的下志留紀岩石的基底。貝什寫信給莫奇森時寫道：「你的志留系一定很開心在我們手中擴展到這片土地的岩石。」在這場關於泥盆紀岩石的激烈爭議之後，他沒有特別的理由看好塞吉維克[59]。這是官方正式認定以及許多地質學家已經接受的事情[60]。這對塞吉維克而言是巨大的打擊，他認爲這是背叛行爲，因此十分氣憤。他的寒武系現在僅限於威爾斯北部一小角某些少見的板岩，而且不是地球史上的重要時期。以較具衝突性的方式來講，他認爲「他的」領土被「鄰近的統治者併吞」了[61]。

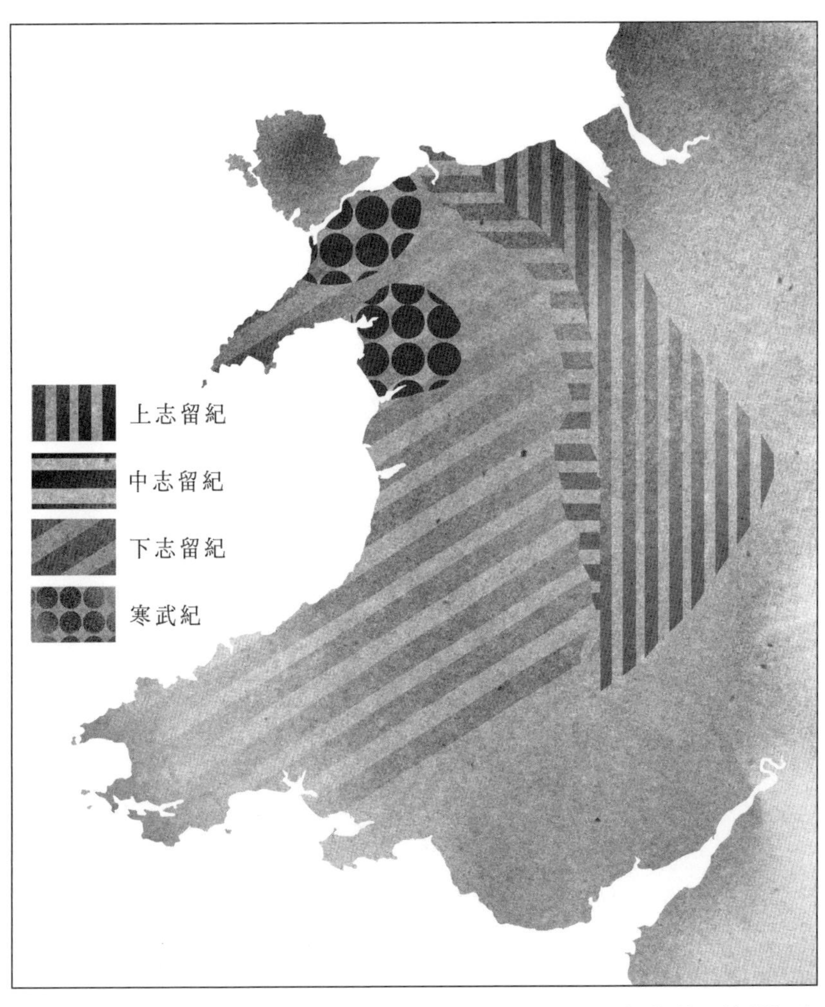

圖 7.2 寒武紀與志留紀界線簡圖，資料來源為一八五二年的英國地質調查所。這張圖的依據大多是莫奇森的岩石分類結果。

一八五二年二月，爲了緩和越來越激烈的態勢，倫敦地質學會特別召開會議討論寒武紀與志留紀的界線問題，與會者幾乎涵括全英國的古代岩石專家[62]。這場會議的中心議題是塞吉維克的一篇論文，表面上是列出英格蘭湖區和威爾斯北部古代岩石間的相似之處[63]，但實際上是「憤怒地抗議」倫敦地質學會對他的不公平待遇。他的憤怒失控地爆發出來，[64]這篇論文成了針對莫奇森和整個志留系的正面攻擊。他在會議中表示：「他的命名方式太過草率，基本底線也有部分錯誤。它目前爲止不僅沒有促成發現，還誤導古生代地質學發展，我認爲至少爲期十年或十二年之久。（「古生代」當時泛指地球史上最早的地質時期）」[65]塞吉維克現在主張，當時他「接受得非常勉強，唯一的理由是完全相信莫奇森的研究功力」。[66]

一位旁觀者寫道：「這場會議『十分熱烈』，而且持續到午夜之後。」[67]另一位則寫道：「非常令人激動，討論也相當熱烈，已經很久沒有這樣的閃電從天而降。」[68]塞吉維克「強而有力地陳述他的異議，對他以往的夥伴所採用的言詞……雙方的共同朋友都覺得太過針對個人」[69]。這次會議掀起一場抗議風暴。倫敦地質學會主要成員安德魯·拉姆齊（Andrew Ramsay）在日記中寫道：「塞吉維克和莫奇森對下志留紀和寒武紀問題的一場亂鬥，場面不怎麼好看，塞吉維克用了很難聽的字眼。」

莫奇森不希望跟二十五年來的朋友和同事決裂，因此想輕描淡寫地面對，表示：「唯一的理由是他正在談戀愛，所以昏了頭，就像以往許多傑出的人一樣……有謠言這麼說！」[70]有些人沒那麼寬容，就暗示當時已年近七十的塞吉維克越來越老糊塗。英國地質調查所另一位年輕的新進人員，也是所內最優秀的古生物學家愛德華．福布斯（**Edward Forbes**）在給同事的信中寫道：「兩天前，我和塞吉維克和一位非常好的朋友在圖書室談了很久。但是發現他頭腦不清楚，而且非常不了解眞正的自然史問題，我完全沒辦法討論。」[71]

兩天之後，莫奇森寫信給塞吉維克，再次否認他有不正當的行爲。他寫道：「只有這件事能激起我的感情……使我講話更加激動。我要再重複一次，把**寒武紀併入下志留紀**的不是我，而是政府調查人員和古生物學家（粗體爲原文強調）。」接著他寫下結語：「我很難過被視爲與你對立，但我可以鄭重地向你保證，我想不出有什麼方法，可以改變我目前的立場，而不影響我一向把志留系視爲整體的看法。」[72]

這場爭端還擴散到文學和科學週刊《文藝報》（*Literary Gazette*）上。紛爭「導致一再重複舊主張的公開信來來往往……現在已經引起大眾注目」。[73] 此外也出現在《愛丁堡哲學期刊》（*Edinburgh Philosophical Journal*）上。後來幾個月，他們兩人繼續以比較友好的言詞通信。一八五二年十一月，莫奇森在一封給塞吉維克的信中寫道：

> 我可以保證我沒有採取任何手段，促使政府調查人員接受他們已有的界線，而且在他們確定所有命名之前，從來沒有進入過你的區域。讓大眾看到我們兩人彼此爭論，對科學進步造成非常不良的影響。我們那些長久交往，交情也最好的朋友們都由衷地表示遺憾。更重要的是，我們對這件事的看法其實沒有什麼不同。我們都認同上帝以漸進的方式創造的教義（也反對達爾文的演化），而且我們的出發點相同。現在這些資料在不列顛群島上和在其他國家一樣確定。[74]

但無可諱言地，兩人間的敵意越來越明顯。一位觀察者寫道，就在此時，「開始萌芽」的失和種子將逐漸破壞塞吉維克和莫奇森長久以來親如兄弟的友誼。[75]

儘管塞吉維克十分憤怒，但這個狀況其實大多是他咎由自取。莫奇森的巨著一部又一部出版，塞吉維克自己的寒武紀書籍卻幾乎沒有進展。同事曾催促他加快腳步。政府調查人員到威爾斯時，朱克斯寫信給塞吉維克道：「我很希望你記下一些工作概要。同時代的人都知道你在開拓這個科學領域方面做了多少事，但新一代的地質學家不清楚。」最後，朱克斯催促塞吉維克：「你應該發表一些精練的、深思熟慮的佳作，才能夠以**你的名字**來達成訴求。（粗體爲原文強調）」[76] 莫奇森也持續催促他：「我一再催促你拿出你的化石，完成你研究的主題。你沒有這麼做，不是我的錯。」[77]

但塞吉維克的寒武紀書籍至少有六年毫無進展。他回信給朱克斯寫道：「我沒有時間和體力撰寫我長久以來想寫的古生代作品。我被淹沒在海量資料中。」[78] 塞科德寫道：「就他投入一生研究的重要地質問題而言，塞吉維克成了孤立的反對者……在學界更渴望有一套固定不變且適用於國際的分類方法的氛圍下，他遭到了圍攻。」[79]

二十年前，他們剛開始合作時，塞吉維克是資深合作夥伴，現在角色對調。最明顯的例子是大約在這個時期，法國最高學術機構法蘭西學院舉行票選，選出英國的通訊院士。塞吉維克獲得三票，而莫奇森獲得二十七票，超過其餘所有候選人的總和而當選[80]。塞科德寫道：「一八五〇年代初期，塞吉維克的研究計畫瀕臨失敗，原因是他無法持續性地寫出論文。」[81]

寫不出來的原因究竟是什麼？塞吉維克是不是擔憂這門新科學探討地球的年齡和歷史，當然也包含生物的起源時，可能與他的宗教信仰互相抵觸？似乎有此可能。他和同世代的許多人一樣，無法接受達爾文的演化論。但一八四〇年代和一八五〇年代初期，針對地質學對宗教拋出的問題，神職地質學家大多必須採取模稜兩可的態度，以各自的方式接受兩者可能都是「正確的」。此外，他們大多是非常有意識的經驗主義者，有興趣的主題是命名、分類岩石和編製目錄，把顯而易見的混亂變成有序，而不是運用岩石如何形成及為何形成的理論來研究岩石本身。當時的英國地質學家格林諾要求採取「嚴格的經驗方法」來研究這個主題，並且堅持這門新科學的基本概念必須「去除所有不確實的理論暗示」，才能帶來進展[82]。

塞吉維克可能真的無法控制日常生活的壓力和鎖事在他腦中造成的雜音，也無法長久專注於一個概念，以文字呈現出來。

CHAPTER 8

從合作到競爭

（1852～1855年）

一八五二年五月，塞吉維克激烈攻擊莫奇森的會議紀錄發表在倫敦地質學會季刊時，在讀者間造成震撼。一位嚇壞的讀者表示：「有些說法塞吉維克不應該說出……而且更不應該刊載在期刊上。」[1] 另一位提到：「少了口語表達時的幽默和友善，這些辛辣言詞化成紙上文字，讓人平靜地閱讀時，反而使讀者普遍同情莫奇森。」[2] 倫敦地質學會的高層大感驚慌。一星期後，依據一位觀察者的說法，「由於亟欲平息風波」，他們破例裁去期刊最後十五頁，試圖除去其中「不乾淨的內容」[3]。

在維多利亞時期的科學史上，這個決定可說獨一無二，而且有五百本期刊已經在市面上流通。塞吉維克非常憤怒，大聲譴責它構成「倫敦各大學會史無前例的個人羞辱」，在他心中造成「難以消除的屈辱感」[4]。他的支持者齊聲譴責這項行動。塞吉維克和倫敦地質學會的關係愈來愈劍拔弩張。

但在這次事件背後，伍德沃德博物館有了新發展。塞吉維克幾年前雇用了活力充沛的愛爾蘭人弗雷德瑞克・麥考伊（Frederick Mccoy），協助他整理化石藏品。麥考伊個性開朗又早慧，十八歲就發表都柏林圓形公共展廳化石藏品的目錄。塞吉維克視他為「才華無與倫比，相當睿智的古生物學家」以及「最可靠、動作最快的博物館工作人員」。[5]

麥考伊一開始時採用傳統方式，依據不同的動物學分類來整理伍德沃德博物館的寒武紀、志留紀和泥盆紀化石藏品：十多種三葉蟲在某一區，數量大約相同的腕足動物在另一區，海百合、雙殼貝和珊瑚又在另外一區。後來他抱著做實驗的心態，依照出土的岩石地層重新排列這些化石，尤其是它們是否出自柏文山中的吉力格林，這裡是塞吉維克仍然認爲屬於他的巴拉岩層；或者是梅佛德的採石場，這裡則是莫奇森的卡拉多克砂岩。

結果令人十分吃驚。麥考伊仔細檢視出自卡拉多克砂岩的化石時，發現它們分成兩群：一群和塞吉維克的巴拉岩化石相同，另一群中有許多化石與莫奇森的上志留紀溫洛克地層中的化石相同[6]。這兩群之間似乎沒有重疊，沒有任何一個物種介於兩者之間。如果麥考伊沒錯，這個結果將把莫奇森的卡拉多克系劃分爲兩個化石指紋完全不同的群組。如此一來，依據化石地層學的規則，這兩個群組將代表地球史上的不同時期，因此麥考伊開始稱之爲上卡拉多克和下卡拉多克。實際上，這樣也打破了卡拉多克是單一地質時期的概念。上半部似乎和上方岩石比較相似，下半部則與下方岩石相似，兩者之間的岩石紀錄似乎完全不同。

塞吉維克的傳記作者克拉克和休斯，並未深入提到塞吉維克對這個重大發現的反應，但我們可以推測他一定很有興趣。雖然他多年以來一直公開反對太依賴化石來分類岩石，但這個新看法看來相當重要。一八五二年初夏，塞吉維克表面上仍然對倫敦地質學會對他的待遇感到憤憤不平，但已經訂下計畫，準備返回威爾斯，尋找進一步的證據。

但是塞吉維克那年夏天很難離開劍橋。塞吉維克受政府指派，調查牛津和劍橋大學的經費使用和管理已有一段時間[7]。學位的標準、實用性、花費以及教學品質，都讓人有疑慮。除此之外，這兩所大學對周圍非學生人口的權力實在太大，包括逮捕和懲罰娼妓、核發酒館執照、監督市場的度量衡正確性，以及核發戲院和娛樂執照等，也都問題重重[8]，改革遲遲不執行，塞吉維克身爲資深學者和訓導人員，不得不介入，在針對劍橋大學的報告中寫下許多內容。一八五二年夏天，調查進入最後階段，塞吉維克儘管撰寫文字一向不甚勤快，也不得不放下一切事務，完成他的工作。

惱人的是，那年夏天的天氣格外炎熱，但他正在面對可能極具爆炸性的新發現。他沮喪地寫信給姪女芬妮道：「我全身的毛孔都在冒煙。汗水從身體冒出來，發出像蒸汽一樣的聲音。我處於快要熔化又煩躁的狀態，不斷擦汗，就像悽慘的走路**蒸汽機**。有時候我會想，來鋪床的房務員會發現我散落在地板上，得用污水桶來裝我的殘骸。」[9]

七、八月過去了，來到九月中，威爾斯天氣穩定、適合進行田野工作的夏季晃眼就過。偏偏塞吉維克必須在十月初前回到劍橋，監督院士考試，因此只有十天能做田野工作。他原本的想法是再次造訪威爾斯北部和什羅普郡某些典型的卡拉多克砂岩露頭，但現在決定採取比較保守的新路線。這段時間以來，有些人提到梅伊山（**May Hill**）的山坡有難以解釋的卡拉多克砂岩。梅伊山是格洛斯特郡馬爾文山南端的顯眼地標。塞吉維克的老夥伴，古生物學家約翰．菲利普曾經在這裡做調查，發現有一層岩石在地層表上似乎難以定位。從結構位置看來，它是莫奇森上志留紀溫洛克地層的一部分，但就化石指紋看來，又像是塞吉維克的下志留紀卡拉多克岩。塞吉維克覺得很有趣：這兩種不同的「卡拉多克型」岩石是否曾經熔化揉合，最後變成一片岩石，就像麥考伊的上下卡拉多克岩一樣？

梅伊山矗立在周圍的農地之間，高度近三百公尺，是塞文河谷和威河河谷之間一連串山丘的一員。千百年來，它一直扮演航標的角色，協助船隻在塞文河下游不斷變化的沙洲之間航向格洛斯特、蒂克斯伯里和伍斯特等內陸港口。對返航的水手而言，熟悉不變的風景讓人感到安慰。當地詩人約翰．梅斯菲爾德（**John Masefield**）一九一一年的詩〈永恆的慈悲〉（**The Everlasting Mercy**）寫道[10]：

我看到梅伊山上的農夫　在他的山上日復一日
他的同夥飛上天　男人和女人活了又死去

現在，山頂一小片古老的松樹同樣有明顯的連貫性。天氣晴朗的日子，從山頂向四周眺望，景色十分壯觀：南邊是銀灰色蜿蜒的塞文河下游和遠方的科茲沃斯山；西邊是一連串平行的山脊，一路延伸到遠方的地平線；北邊是伍爾霍普圓頂（**Woolhope Dome**）和馬爾文山雜亂的草地。但塞吉維克和麥考伊應該都看不到這些。燠熱的七月和八月之後，天氣突然改變，低雲和降雨使風景失色許多。塞吉維克這趟行程的田野筆記已經散失，所以不清楚他們兩人究竟去了哪裡。但從這個地區的地質看來，他們可能發現了菲利普提到在山丘南側模糊的「卡拉多克」岩石[11]。

這和麥考伊預測的完全相同。在已經被判定為一整片「卡拉多克」砂岩的岩層中，這兩位地質學家發現了間斷或不整合面。兩個地層看來相似又彼此鄰接，揉合在一起後被稱為卡拉多克岩。這個誤會掩蓋了地球環境曾經發生重大變化，導致一群生命形式完全消失，另一群新的生命形式出現。這樣的變化通常也代表地質時期的更迭。

此外也有人提到，更北邊的柏文山也有類似令人疑惑的卡拉多克岩。不過到了九月，塞吉維克在潮濕的天氣中艱苦地爬上梅伊山之後，因爲重感冒而病倒，後續行程大多數時間都臥床不起[12]。十天的田野工作縮短成兩天。麥考伊在這段時間裡探訪附近的卡拉多克砂岩，但結果仍然不確定。

塞吉維克於一八五二年回到劍橋，但他相信自己取得的田野證據已經足以支持麥考伊的主張，卡拉多克岩的中心有地層間斷現象。兩個月後，在倫敦地質學會十一月的會議上，塞吉維克和麥考伊公開發表結果。在一篇刻意取名爲〈論所謂「卡拉多克砂岩」的分離現象〉（**On the Separation of the so-called Caradoc Sandstone**）的論文中，塞吉維克把卡拉多克岩化分成兩個時期，並且主張，這兩者之間的不整合面，比志留紀和泥盆紀之間的不整合面大得多，在後者中，兩個系統仍有幾種相同的生命形式。他把不整合面以上的岩石分類爲志留系，以下的岩石，則是上寒武紀巴拉／蘭代羅岩層，因此形成「擴展的」寒武系。因此，他終於得以主張他的上寒武紀岩石擁有獨特的化石集合，包括吉力格林的腕足動物：法貝盧倫正形貝（*Orthis fabellulum*）和卡拉多克三葉蟲（*Trinucleus caractaci*）這些老朋友。寒武紀不再侷限於生命尚未出現前最古老又沒有化石的岩石。

科學史學家塞科德寫道：在英國地質學界的小圈子裡，這件事「極爲轟動」[13]。這篇論文不僅正面攻擊莫奇森和他對志留系的看法，還挑戰英國地質調查所。英國地質調查所已經高調地接受了莫奇森的擴展志留系，還用它來繪製公認爲標準的威爾斯地質圖。如果塞吉維克和麥考伊的主張正確，那麼目前判定爲卡拉多克砂岩的大片岩石，將必須重新判定，地圖也必須重劃。這時地圖才剛完成只有一年而已。

倫敦地質學會大多數會士和地質學界許多成員，在這場會議中站在莫奇森這邊，對塞吉維克的新論文投以深切的懷疑。許多人懷疑麥考伊的古生物學研究成果。倫敦地質學會年輕博物學家、剛剛進入英國地質調查所的愛德華・福布斯寫道：「這不光僅僅只是在我心中留下印象而已。」

> 那個麥考伊……是否捏造了化石證據，藉以取悅並且誤導塞吉維克呢？英國地質調查所的薩爾特說得很好，也有充足的資料。他講的非常有說服力，而且說明調查所現有的地圖站得住腳。莫奇森和塞吉維克之間原本對寒武紀就是有爭執的，這次的討論熱烈又良好。[14]

令人驚奇的是，首先提出梅伊山上有模糊地層的約翰・菲利普，這時卻發言反對塞吉維克，說他是「極端古生物學家」，太依賴當地化石證據。塞吉維克一向以懷疑化石聞名，所以這個罪名聽來十分奇怪。[15]據說這次爭論一直持續到接近午夜。[16]倫敦地質學會後來甚至一再檢查塞吉維克的論文，「排除所有爭議內容」之後才公開發表。[17]

但在英國之外，塞吉維克的新地層表，又顯得相當合理。塞吉維克在美國第一個、也是最重要的盟友，美國地質學家亨利・達爾文・羅傑斯（**Henry Darwin Rogers**）曾經寫道，卡拉多克岩石中的間斷「遠比莫奇森的理論更符合美洲的古生代地質狀況」，並且告知塞吉維克，卡拉多克岩石的重新分類，「對美洲地質學家而言，比其他已經發表的英國岩石分類方式更能接受，也更能理解」。[18] 此外，他的主張也受到英國各地多位地質學家支持，他們也注意到類似的異常現象。[19] 最後，在這場會議後幾個月內，越來越多人認爲這個新發展相當重要，塞吉維克的擴展寒武系主張也受到進一步研究。

英國地質調查所長（現在是地位崇高的貝什爵士）心情沉重地勉強允許調查員團隊回到威爾斯邊界，再次觀察某些典型的卡拉多克岩石露頭。這個決定想必很不容易。調查預算相當吃緊，而且必須承受完成英國地質圖的強大壓力。貝什很不願意把資源轉到他認爲已經完成的地區。他向同事承認：「這些問題的聲音讓我感到不知所措。」[21]

卡拉多克砂岩露頭其中較爲人所知的一處，位於什羅普郡南部翁尼河上的一座小懸崖中，相當接近農耕小聚落徹尼朗維爾（Cheney Longville）。在這個由小片森林和微微傾斜的放牧地構成的鄉間，湍急的河流沖出一層層淺黃色的砂岩和頁岩。莫奇森一向認爲它是下志留紀卡拉多克砂岩由下而上，緩緩轉變成上志留系溫洛克岩層的典型範例。前一

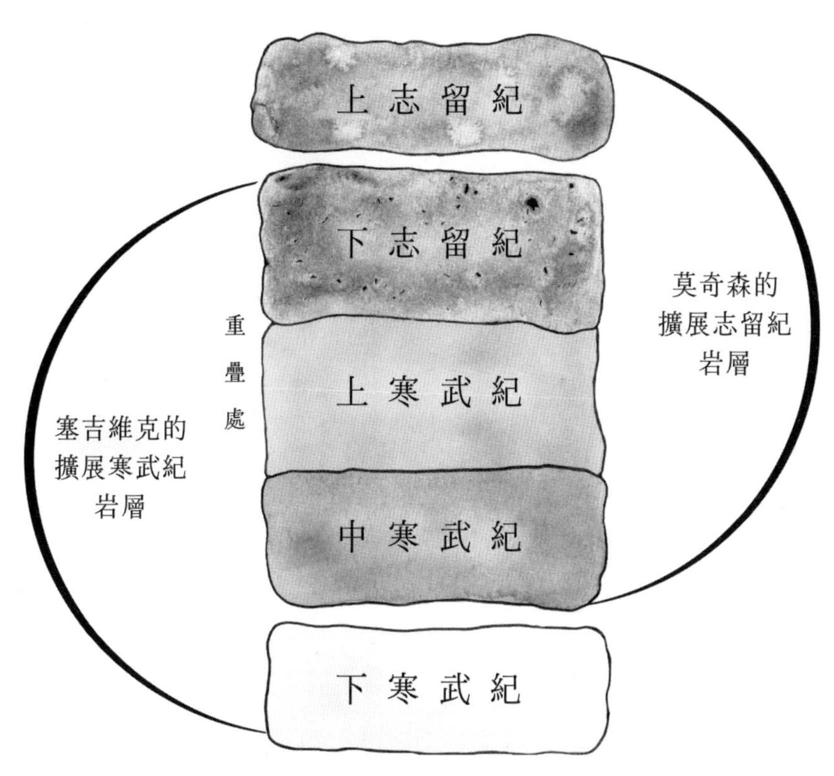

圖 8.1 塞吉維克一八五二年的擴展寒武系

年，塞吉維克和麥考伊從馬爾文山回家途中，曾經短暫造訪過這裡，但因爲大雨使河水高漲，所以沒有看到河上的懸崖。塞吉維克預測這裡有不整合面，但沒找到足以支持的證據。現在，到了一八五三年夏天，貝什派了兩名經驗最豐富的地質學家威廉・艾弗林（William Aveline）和約翰・薩爾特再次檢視這座懸崖。

艾弗林是「高大、黝黑、沉默、大腳的男性，在山上踏著大步行進」，曾經參與團隊調查過威爾斯大部分地區[22]。薩特和塞吉維克和莫奇森都密切合作過，是經驗非常豐富的古生物學家。他們一定都非常擅長觀察岩石。我在夏末的午後來到這個安靜的河谷，順著長滿青草的小路，穿過垂著長春藤的橡樹和懸鈴樹林，到達河邊。小樹和灌木已經在砂岩裡生根，遮掩懸崖的大部分。但卽使知道我自己在找什麼，還是沒把握看到不尋常的東西。這些地層顯然朝東南方穩定地緩緩傾斜，色彩在中間的微小改變，代表長久被視爲下志留紀卡拉多克岩石和上志留紀溫洛克岩之間的界線。但艾弗林和薩爾特看到了其他人都忽略的東西。地層傾斜程度並非完全相同，而是在上層和下層之間有少許變化，代表沉積紀錄中有某種間斷，而且在上方地層形成之前，下方地層已經承受一段時間的侵蝕。

這兩位地質學家在後續的倫敦地質學會會議中報告：「除非是乾旱時期，否則這裡很難觀察，因爲我們必須站在深達膝部的水中。」同樣地，他們也能確定那裡確實「有明顯的不整合面位於上志留紀系和下方所謂的卡拉多克砂岩之間」。他們寫道，這裡「**沒有變遷的跡象**，化石內容也沒有類似之處。所以它們顯然不能繼續歸類在相同名稱（志留紀）之下」（粗體爲原文強調）。[23]

這個結果正如塞吉維克的預期。麥考伊忍不住得意洋洋地說：「薩爾特和艾弗林的論文完全承認我們對卡拉多克砂岩（頗具爭議性）的看法……看到英國地質調查所在屢屢否認和反對之後，終於標出梅伊山的分離面，感覺眞是高興。」[24]

對立障礙已經破除。接下來幾個月，英國地質調查所派出數個小團隊，走訪卡拉多克岩石露頭，地點包括柏文山東北側山坡的頁岩開採村莊格林塞瑞奧格（**Glyn Ceiriog**），以及柏文山南側山坡的村莊馬斯拉法爾（**Mathrafal**）。班威河（**River Banwy**）在這裡流過一層薄薄的岩石，露出砂質礫岩的低矮河岸。同樣地，對一般人而言，這個不整合面往往難以發現，但英國地質調查所成員一再發現岩石紀錄中有以往沒注意到的間斷，把卡拉多克岩石分成兩部分[25]。後來一位評論家寫道：「沒有觀察到格林塞瑞奧格、馬斯拉法爾和奧尼（**Onny**）的不整合面很容易理解。因爲在許多狀況下，這些露頭被其他東西遮蓋，簡短的檢視也很難找出精確的接合點。」[26]

結果相當豐碩。從威爾斯北部到南部，以及整片馬爾文山，塞吉維克的上寒武紀和莫奇森的下志留紀間的界線都必須調整。志留系受到認定二十年來，首次遭嚴重威脅。地質學家（幾乎全都支持莫奇森的看法）不得不承認他們的想法錯誤。寒武紀終於擁有自己的化石指紋，獲得與志留紀、泥盆紀、石炭紀和二疊紀相同的地位，志留紀則被減半。

一八五三年夏天，市面上同時有兩份差異甚大且彼此對抗的威爾斯地質圖。一份爲塞吉維克製作，只呈現擴展的寒武系和縮小許多的志留系。另一份由莫奇森繪製，內容幾乎完全相反：擴展的志留紀、寒武紀只是下志留紀中一小片含有大量頁岩的區域，連自己的顏色也沒有。

這個消息傳在最糟的時間點傳到莫奇森耳中。近幾年來，他一直在準備以更精簡和更普及的方式介紹全世界的早期岩石。這本書稱爲《志留紀》（*Siluria*），當時已經接近完成，與卡拉多克有關的部分即將送印。英國地質調查所發現的新證據似乎勢不可擋，但莫奇森認爲威爾斯的岩石以複雜難解聞名，所以不打算因爲可能是威爾斯地層的小變化而被捲入無關的舊爭議中。他現在研究的是全世界，相信威爾斯的發現只是局部現象。

他其後的一生都將陷入這場保衛戰。

一八五三年其餘的時間和第二年，塞吉維克和莫奇森經常發生爭議。起初比較友善，但很快就開始惡化。一八五三年秋天，莫奇森寫信給前合作搭檔道：「看著我們以前發表的作品和我的備忘錄手冊，我們就像完整的連體嬰，我非常希望能回到過去，遠離命名帶來的不快，這次不快使許多人認爲我們已經失和。我永遠不會爭吵。我做過、說過和發表過的內容，從來沒有批評過你的地質學研究的精確性，我只感到遺憾，你提到我的錯誤和疏失時，某些措辭對其他人而言應該相當刺耳[27]。」

但塞吉維克的回信指出，他仍然對莫奇森爲了《志留紀》而試圖併吞「他的」寒武系感到忿忿不平：

我知道我很會拖拖拉拉（沒完成我的書），一部分是因為我的個性，一部分是許多事務對我造成很重的負擔，最主要的原因是我的健康狀況，月復一月，寫字和坐著工作都非常難受，甚至無法工作。但是，一個人儘管遲交房租，如果他有一天回到家裡，發現鄰居清空他的家具、拿走他的東西，還把門鎖上，他還是會抱怨。你就是這樣對待我的，突如其來，而且讓人毫無準備[28]。

現在無論如何，他們爭執的顯然已經不只是領土，而是各自擁護的不同眞相。塞吉維克認爲，奧尼河谷和格林塞瑞奧格等地的卡拉多克地層，中央部分的間斷代表全面性的發現。莫奇森同樣相信它只是局部異常現象，與其他地方的卡拉多克岩石沒有關係。

年輕的地質學家對這門新科學，和在山中共處數個星期培養的情誼充滿自豪，他們害怕這場爭執可能演變成難看的口水戰。在都柏林一場地質學家會議中，調查員彼特・朱克斯說：「各位，我希望我們這門科學除了在科學和經濟方面爲世界帶來助益，也能信守地質學所誇耀的，在道德方面也有所貢獻。」「學者可能看法不同，但不因此發怒，也不失去對他人的尊重。」[29]

這個希望不大可能實現。半年後，一八五四年春天，塞吉維克終於無可挽回地和倫敦地質學會的領導階層反目。他剛剛完成關於梅伊山砂岩的新論文，再次重申他認爲應該擴展寒武系的看法[30]。倫敦地質學會的理事會尚未對這個問題做出決定，因此交給其他人仲裁，仲裁者建議修改。塞吉維克認爲莫奇森在背後操控，因此大爲光火，把這篇論文投到歷史悠久的科學期刊《哲學雜誌》（*Philosophical Magazine*）。這樣一來，倫敦地質學會的理事會同樣大爲光火，因爲把已經送交學會的論文拿到其他地方出版，違反學會的重要規定[31]。塞吉維克遭到公開檢討，因此威脅要離開學會。學會會長威廉・漢彌爾頓（**William Hamilton**）力勸他三思：「我看到你提到打算離開倫敦地質學會，感到十分遺憾。對我個人而言，如果這件事發生在我擔任會長期間，我會感到非常難過。」[32]但爲時已晚，塞吉維克滿腹憤恨，從此不再參加學會的會議[33]。

當年稍晚，不列顛科學促進會在利物浦舉行的一八五四年會議上，這場爭執達到新的最高點。莫奇森和塞吉維克各自提出論文，支持自己的看法：塞吉維克的是他提交給倫敦地質學會的梅伊山論文的新版本。果不其然，激烈的爭論又發生了。有一段記述說：「爭議雙方依照戰鬥序列，展開一場文字戰爭，這場戰爭無疑持續了好幾個小時。」[34]塞科德寫道，這場爭論「可能是促進會會議有史以來最壯觀的言詞煙火大會」[35]。塞吉維克抱怨「他的封地未經宣戰就遭到入侵」，以及沒有人提醒他，「志留紀的色彩就掃過了它」[36]。據說有許多聽衆因爲他這段話的怒氣而深感震撼。約翰・菲利普後來寫信給莫奇森道：「難怪你因爲利物浦這場古生代討論的語氣和問題而難過。誰不會呢？」[37]「這樣太不尊重人，必須受到一致譴責。」[38]倫敦地質學會的福布斯當時主持這場會議，擔心這場爭論的公開程度「將使不知情的聽衆認爲整個地質學遭遇難題，因此讓聖經地質學家有機可乘，利用這次爭議對整個地質學體系提出質疑」。[39]

建設性的對話已經變得不可能。倫敦地質學會不情願地喊了暫停，宣布爭議雙方都禁止再發表新論文。一八五四年冬天，塞吉維克和莫奇森彼此已經不講話。他們兩人都研究威爾斯，但得出的結論完全不同。一八三四年的寒武紀與志留紀間的界線早就已經失去意義，但如何取代卻沒有共識。三十年的工作情誼變質成痛苦和酸楚。

雙方其實都有問題。莫奇森企圖心旺盛、追逐私利，經常妄自尊大，不認爲操弄事實有什麼不對，對於他認爲可能妨礙前途的人，往往格外不尊重他們的感受。[40]很難想像從一八三〇年代晚期到整個一八四〇年代，他完全不理解塞吉維克可能對他試圖違反一八三四年的「合意界線」會有意見。儘管如此，他還是單方面地重劃寒武系和志留系間的界線，把寒武系縮減成一半，還分配在地層表的最底端，地球生物尚未形成的時候。

但在塞吉維克這方面，莫奇森一定覺得這個合作夥伴讓人十分灰心。塞吉維克一再不遵守撰寫進度，卽使對他再有耐心，也會消磨殆盡。塞吉維克經常做出自己做不到的承諾，保證會遵守期限，後來還是食言，必須費盡口舌一勸再勸才能讓他把想法和田野工作寫在紙上[41]。幾年之後，他向一位朋友透露：「我已經把威爾斯北部大致整理好，而且早就應該發表細節。但苦於風濕、痛風等等，所以我有好幾年幾乎完全沒寫東西。」[42]此外，莫奇森的地位越來越高時，塞吉維克似乎越來越怨恨，馬上就開始攻擊，最後待在劍橋自我放逐，認為整個世界都跟他作對，憤怒地抱怨他的寒武系遭到「壓迫」[43]。一八五五年，他自憐自艾但不全然正確地寫道：「我為寒武系的知識孤軍奮鬥，我為我的分類方法孤軍奮戰，不懼怕任何結果。」[44]

對近親好友而言，塞吉維克仍然能維持溫暖和友誼，但越來越疲倦、易怒、寂寞，而且憂鬱症越來越常發作[45]。有件事或許可以說明這點：這段時間他前往蘇格蘭，造訪詩人羅伯特·伯恩斯（**Robert Burns**）位於艾爾郡（**Ayrshire**）的老家，「極為欣喜地」讀到伯恩斯的經典詩作〈沮喪頌〉（**Despondency: an ode**）：

由於悲傷而消沉　由於憂慮而消沉

這個重擔讓我難以負荷

我坐下來嘆息
人生啊　你是讓人煩惱的負擔
在這條崎嶇又令人疲憊的道路上
對我這樣的苦命人[46]

這個題材正好切中他的心情。山中行旅曾經是愉悅和跳脫的來源，現在變得難熬又孤單，岩石的浪漫消失殆盡。在某趟旅程中，他寫了一封哀怨又深思的信給姪女芬妮·希克斯道：「悲慘的潮濕天氣導致風濕和精神不佳。這個夏天我一直在宜人的鄉間漫遊，但我大多一人獨行，沒有人可以講話，也無法使我自己的樂趣加倍，或是看見朋友眼中的映照或口中的迴響，使樂趣變得更大……我又老又無情、遲鈍又虛弱，沒有辦法改善。」[47]

他持續因爲健康狀況而病態地心事重重。一八五三至一八五四年冬天，他告訴一個朋友：「我已經二十九天沒有離開過房間。我每天喝的流質食物和催眠劑足以溶化花崗岩。芥菜子泡腳和在胸口貼芥菜子糊都沒有用。所以醫生把鎮痛油拍在我的喉嚨和胸口，造成恐怖的紅色疥癬，讓我不適合文明的豬舍。」[48]此外他還談到「奇怪的遺忘之雲經常擾亂一個老人的記憶」。[49]

但最重要的是，他也因未能完成當初的承諾，繼科尼貝爾與菲力普之後寫出他自己的《英格蘭與威爾斯地質概要》第二冊，而心情大受影響。歷經三十年辛苦且經常領先眾人的工作後，他沒有什麼足以和莫奇森的《志留系》或《歐洲俄羅斯和烏拉爾山地質》相比。即使一八五四年夏天，莫奇森的《志留紀》出版，說明他對地球早期岩石的整體看法，仍然於事無補。讀者對這部書褒貶不一。這部書雖然篇幅龐大，又有「豐富的木刻版畫和化石圖片[50]，但問題是莫奇森經常加入多餘又枯燥的細節。一位評論者說：「羅德里克爵士太急於傳達想講的東西，沒有把心思放在方法上，結果使風格變得枯燥又毫無趣味，即使有圖片或強大的描述，也很難使它變得生動。」[51]另一位評論者則說它「缺乏先前作品的新鮮感和原創性」。[52]

然而對許多讀者而言，這部書也代表莫奇森的擴展志留系和多年辛苦的田野工作終於獲得最後勝利。《文藝報》一位評論者寫道：「五十雙手拿五十把鎚子一起敲擊，產生的能量也無法超越發現志留系的這個人釋放的能量。」又說這是「我們這個時代在地質科學整合方面最傑出的成就」[53]。對塞吉維克而言，這部書看來就等於再次指謫他的弱點。

但對新一代的地質學家而言，塞吉維克和莫奇森間的戰爭，看起來是進步的阻礙。長年任職於英國地質調查所的拉姆齊在給朋友的信中表示，他已經「對重複了五十次的一連串爭吵感到厭煩至極」[54]。許多年輕地質學家開始好奇，發現卡拉多克地層中的間斷後，岩石中是否有更多細微複雜的故事等待我們發掘，只是被這場對抗的雜音和喧鬧遮掩？寒武紀與志留紀的界線周圍扭轉彎曲的岩石中，是否還有其他變化？會不會有新線索可以解釋這個明顯的僵局，例如被誤解的化石？這項工作將交接給沒有在舊爭執上花費那麼多心力的新一代地質學家。

CHAPTER 9

高地爭議：蘇格蘭的志留紀

（1855～1873年）

一八五五年八月初，莫奇森在燦爛的夏日向北前進。他應該是搭乘剛開始在倫敦和格拉斯哥間營運的蒸汽火車，再雇馬車和馬，沿著喀里多尼亞運河旁的小路，一路上是山峰和湖泊組成的荒涼風景，到達東北部的印威內斯（Inverness）。他從這裡繼續向北行進，到達小小的市場城鎮汀沃爾（Dingwall），繞行寧靜的布利灣（Beauly Firth）海岸。他的舊家塔拉戴爾大宅（Tarradale House）「寧靜祥和地座落在這些老樹之間」[1]。六十年來粗暴的土地「清理」大幅改變了地景，數千名佃農在農業發展的名義下，被趕出周圍的山丘，小型綜合農場被大片空曠的牧羊地取代[2]。莫奇森帶著懷舊與自豪寫道：「這個地區原有許多佃農，現在都消失了。小屋和簡陋的石牆都被清除，變成以水井灌溉的大片田地。」[3]

莫奇森的同伴是熱心的年輕同事詹姆斯．尼可爾（James Nicol），曾經擔任過倫敦地質學會的助理秘書。他在莫奇森的協助下，剛剛受聘爲亞伯丁大學的自然史教授。尼可爾是莫奇森學說的忠實支持者，幾年前發表了一系列論文，研究蘇格蘭邊界「南部高地」（Southern Uplands）的岩石，當時學界對它們了解不多。論文指出，這些岩石大多是未受擾動的下志留紀岩層。其中的化石紀錄很少，而且大多是岩石中的微小刮痕，可能是筆石等小型浮游生物的殘骸。筆石是大小和厚度與指甲相仿的小碎片，有些人甚至懷疑它根本不是化石。但尼可爾藉助已經確定的化石，找出足夠的證據，證明蘇格蘭和威爾斯地層確實有關[4]。

這個消息對莫奇森而言如同音樂一樣悅耳。他一直想找機會擴展「志留紀」，一八五〇年代初期，他和塞吉維克的爭議在一個又一個會議中沸沸揚揚時，他們兩人連續花費三個夏天，探索多山的蘇格蘭邊界鄉間，滿意地證實這裡的岩石類似於莫奇森仍視爲自己地盤的威爾斯下志留紀地層。這是個意外的收穫，他們兩人現在計畫把合作範圍擴大到北部高地，地質學界對那裡的岩石了解不多，因此也是取得更多領土的大好機會。

當時的普遍共識（如果有），認爲蘇格蘭北部由大致呈南北走向的一系列岩層構成。最西端，一直到西方群島（**Western Isles**），是一層稱爲路易斯紅片麻岩（**Lewisian Red Gneiss**）的彩色結晶岩石，一般認爲這種岩石是古老的第一紀岩石，年代可以追溯到地球創生[5]。這片岩石到達英國本土後，被堅硬的棕色和紅色沉積砂岩取代。這種砂岩稱爲托里敦（**Torridon**）砂岩，名稱源自鄰近的海灣。再朝內陸前進幾公里後，托里敦砂岩又被一大片結晶岩取代，一路延伸到整個高地中央地區。這個地區有許多空曠的泥炭沼地和沼澤，稱爲弗羅濕地（Flow Country）。最後在高地東部沿岸，另一道紅砂岩形成一連串壯觀的紅棕色懸崖，高度逐漸降低，最後進入北海。

問題是如何把這些岩層放進標準地層表中。許多人（包括莫奇森）採用的看法是兩片紅砂岩應該相同，由於東邊砂岩中的化石和泥盆紀老紅砂岩中的化石相似，所以西邊的托里敦砂岩也被歸類爲泥盆紀[6]。在內陸，廣闊的結晶岩層（其實是混成一片的花崗岩、變質石英岩、片岩和片麻岩）被認爲年代較早，但沒有人能確定究竟多早[7]。簡而言之，這表示高地的地質就像個三明治：兩片年代較近的泥盆紀老紅砂岩，夾住中間的古代岩石「餡料」。

吸引莫奇森的是中間的餡料。依據地層表，如果東邊和西邊的岩層屬於泥盆紀，我們就可以認爲下方年代較早的岩石屬於志留紀，代表他不僅有機會爲志留紀取得蘇格蘭南部邊界，還能取得北方高地的大片領土。

然而其中有幾處異常現象。在中間那片結晶岩的北部沿岸，偏遠的杜內斯

圖 9.1　一八四三年左右的蘇格蘭北部截面圖。圖中有兩「片」紅砂岩朝東方和西方海岸延伸，中間是結晶岩「餡料」。

（Durness）附近，一位業餘地質愛好者查爾斯．皮齊（Charles Peach）發現一些損傷嚴重但似乎屬於泥盆紀的化石，代表這些結晶岩至少有一部分也屬於泥盆紀。這個地區也有幾個著名地點，這些年代應該較早的結晶岩似乎位於年代較近的老紅砂岩上方。在地質學上，除非整個地區曾經完全翻轉，否則是不可能的。總而言之，這些令人費解的觀察結果指出，這個地區的地質整體而言仍無法下定論。

結果，莫奇森和尼可爾踏上朝西穿過中央高地的道路時，他們兩人心目中的目標應該有點不同。這個地區提供了一個機會放下威爾斯的騷動，爲志留紀取得更多領土。但這個地層難以界定，又顯示蘇格蘭地質需要進一步仔細研究和思考。身爲蘇格蘭人，莫奇森或許覺得自己應該是最適合做這件事的人。

時機方面也恰到好處。不列顛科學促進會的年度會議，向來是發表新發現的場合，當年秋天將在蘇格蘭的格拉斯哥舉行。幸運的是，莫奇森可以走訪蘇格蘭北部，研究岩石的身分和順序，然後立刻發表，取得科學界的認可。

從汀沃爾向西穿過高地中央的道路向上爬升，經過一片遍布石楠和泥炭沼的土地，這裡幾乎沒有人煙。路兩邊是東方洋鬍子草和毛茛，小湖泊周圍長滿淺綠色的草，蘆葦映照出天空的色彩。

在小聚落歐伊克爾橋（Oykel Bridge）附近，歐伊克爾河（River Oykel）分成好幾股，在淺淺的棕色河水底下，可以看到結晶岩層，表示這條河下方是中央的片岩和片麻岩層，接著就像頭部出現在地平線上一樣，這個名叫阿辛特（Assynt）的地區，有相當特殊的紅砂岩山丘，一個個出現在西邊的地平線上。卡尼斯普（Canisp）寸草不生的圓頂、修爾文山（Suilven）和科爾摩山（Cul Mor）幾乎垂直的兩個山峰。北邊則是奎納格山（Quinag）光禿的三個高峰。幾十個紅棕色的岩石山峰從周圍的沼澤地中陡然升起[8]。

小路從中央的結晶岩走到托里敦砂岩，這是泥盆紀「三明治」的西半部。這片景色非常壯觀又讓人難忘。但對於地質學家而言，這些山格外特別之處是天氣晴朗時，可以看到紅砂岩山坡上方是淺灰色的石英岩山峰。年代顯然較早、可能屬於志留紀時期的結晶岩，似乎反而位於年代較晚的泥盆紀砂岩上方，怎麼可能這樣？

不過莫奇森對這個奇怪的現象顯得沒什麼興趣。他們兩人幾乎沒有停下腳步，持續朝北穿過荒涼的河谷和湍急的溪流，經過偏遠的沿海聚落。這裡的居民會出來以異樣的眼光盯著經過的馬車。最後，他們到達最北端的海岸，有幾棟房屋建造在懸崖上。這裡是杜內斯，皮齊就是在這裡發現令人困惑的「泥盆紀」化石。許多人猜測化石出自通過志留紀岩石的一層石灰岩。但莫奇森還是對詳細的田野工作興趣缺缺。晴朗的天氣已經消失好幾天，連續的降雨和烏雲遮蔽了四周的山丘。在灰濛濛的水氣中，莫奇森感受到自己的年齡。一天晚上，他在日記中寫道：「周遭的一切告訴我，我最後的日子很快就會到來。我已經看過惠頓岬和超遠岬最後一眼。」[9]

他們兩人轉向東走，沿著蘇格蘭北端海岸懸崖上方的小路前進，穿過中央片岩的荒涼泥炭沼地。這個地區稱爲穆瓦內（Moine），在蓋爾語中是「沼澤」或「泥炭沼」的意思。綿延數公里黝黑又飽含水分的石楠沼澤，朝四面八方延伸，這裡幾乎完全沒有人煙。日記作者詹姆斯．波斯威爾（James Boswell）走過類似的鄉間時寫道：「我心裡因爲看見印著車輪的道路而雀躍，我們已經好久沒看到道路了。它帶來的喜悅有如一個旅客徘徊失措，擔心身在沙漠孤島時，看到了人的腳印。」[10] 一小片廢棄的小屋聚落更增添荒蕪感，淒涼地讓人想起先前的清空。

最後，在泥炭沼地發出溪流高漲的轟轟聲中，莫奇森和尼可爾到達蘇格蘭東部海岸，棕色的砂岩懸崖在這裡驟然降入北海。他們已經到達泥盆紀「三明治」的東側，這裡的懸崖是全褶魚化石的出土地點，也是高地上唯一與範圍更大的地層表確定有關的岩石。

在格拉斯哥的不列顛科學促進會會議上，所有人彷彿事先講好一樣避開塞吉維克。

他日前發表一篇研究英國早期化石的論文[11]，在論文中以「非常獨特、但欣賞及敬重雙方的人都不樂見的激烈言詞」批評莫奇森[12]。因此，所有與會者都很清楚又會出現爭執。後來莫奇森的傳記作者寫道：「無可諱言，他們的歧異不只在科學方面，而且已經演變成個人嫌隙，這類歧異最後幾乎都會如此。」在某個階段，敵意轉變成一場喜劇。塞吉維克脫下長大衣準備講話，他先對聽眾微笑，接著開玩笑說：「喔，我沒有要跟他打架！」此時聽眾席發出尷尬的掌聲[13]。後來莫奇森報告日前的行程，證實他提出的高地地質「三明治」模型，但沒有認眞解決挑戰這個說法的異常現象。

這次行程既匆忙又夠不深入，成果極少，只能把聽眾的注意力從他和塞吉維克的爭議引開。此外，莫奇森明智地決定不在高地上把太多地方納入志留紀。他的傳記作者蓋奇寫道：「這次旅程的結果，不是很令人信服。蘇格蘭西北部的岩石有個非常奇怪又有趣的問題，如果沒有更多更清楚的化石，以及進一步仔細檢視地面，這個問題無法解決。」[14]

當年冬天，尼可爾在亞伯丁的大學辦公室反覆思索這個問題，決定要再度走訪。他和莫奇森這趟旅程留下太多未解的問題[15]。有一系列岩石格外讓他感到疑惑。多年以前，地質學家就注意到蘇格蘭西北部有一連串顯眼的內陸懸崖和岩石露頭，從西部海岸的小漁村阿勒浦（Ullapool）到北部海岸的杜內斯灣，路徑和中央結晶岩層的西部邊緣相同，莫奇森希望把這片岩層納入志留紀。在這裡，一層層岩石抬升後形成光禿禿的懸崖，使下方地層的截面清晰可見。這裡似乎十分適合進一步詳細研究結晶岩核心下方和周圍的岩石。

一八五六年夏天，尼可爾從亞伯丁向西前往阿勒浦。在港口外圍，鯡魚拖網漁船聚集在灘頭，漁網掛在上面晾乾，他從懸崖南端開始，朝北走向杜內斯。沿路的某些地方，懸崖高高矗立在周圍的農村中，地層線相當顯而易見[16]。類似的狀況一次又一次出現。底部是紅片麻岩基底，上面是地層中的明顯間斷或不整合面，這裡的岩石紀錄已經消失。上面是阿辛特地區特有的紅托里敦砂岩，接著是一系列交錯的石灰岩和石英層。接下來，和它們關係密切但位於上方的，是一層穆瓦內片岩（Moine schists）和片麻岩。這明確證實結晶岩中央夾層位於托里敦砂岩上方，而且邏輯上說來應該年代較晚。

在尼可爾看來，十分明顯地，莫奇森前一年夏天提出的岩石定序並不正確。這裡不是兩層泥盆紀砂岩中間夾著年代較早的志留紀岩石，依照新的定序，如果紅托里敦砂岩屬

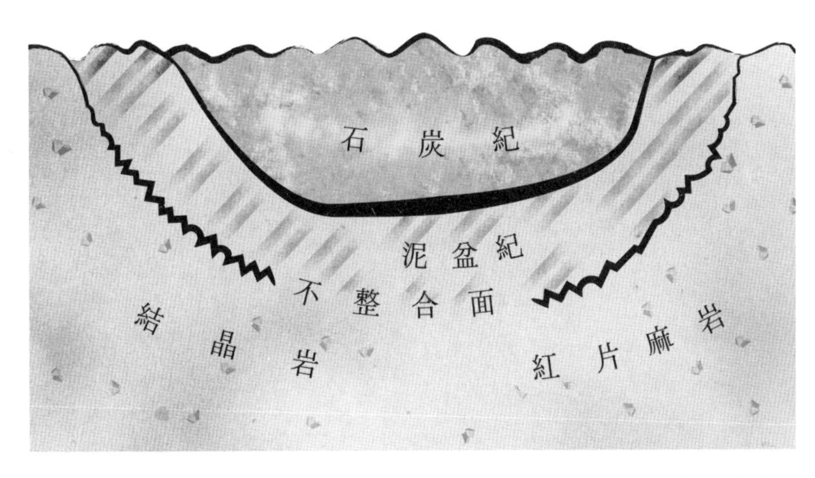

圖9.2 一八五六年尼可爾重新繪製的蘇格蘭北部岩石圖，與莫奇森的「三明治」模型不同。

於泥盆紀，那麼位於上方的石灰石英岩應該屬於石炭紀。如此一來，關係密切的結晶岩中央夾層，也就是穆瓦內片岩和片麻岩，應該也屬於石炭紀。最少可以這麼說，石灰石英岩層序位於泥盆紀和石炭紀之間，因此皮齊在杜內斯石灰岩中發現的化石，很有可能確實屬於泥盆紀。

這點讓尼可爾對這個地區的岩石結構有了全新的看法。莫奇森認爲高地中部是志留紀背斜，但現在尼可爾認爲應該是石炭紀低谷。這個看法不僅挑戰前一年莫奇森對這些岩石的看法，也違背他自己想把志留紀拓展到蘇格蘭北部的希望。朋友都覺得尼可爾相當羞怯，甚至可說缺乏自信，這件事一定讓尼可爾很難受。[17]

莫奇森有恩於他，包括他在亞伯丁大學的教職。尼可爾一定不願意反對自己的恩人，更何況還是地球早期岩石研究領域最具影響力和國際知名的權威專家。或許他希望莫奇森會本著開放探究的心情，接受他的新猜測。

不過尼可爾運氣不佳，這時在倫敦有些新發展。當時擔任英國地質調查所古生物學家的薩爾特終於仔細研究皮齊在杜內斯發現的化石，認爲它們應該既不屬於泥盆紀，也不屬於石炭紀。薩爾特比較它們和英國與其他國家的化石，斷定其中至少有五個很可能屬於志留紀，尤其是出自莫奇森的下志留紀蘭代羅，或者卡拉多克岩石的化石[18]。莫奇森當時還沉浸在俄國的成功中，而且絕對不容其他人挑戰他的權威，即使是本著開放探究的心情提出的挑戰也一樣，因此大加利用這個新證據。薩爾特的結論否定尼可爾的發現，並指出如果杜內斯的石灰岩屬於下志留紀，則關係密切的穆瓦內片岩就不大可能出自不同時期。對莫奇森而言，這個問題早就塵埃落定。其他人則沒有那麼肯定。

其後兩年，莫奇森和尼可爾在蘇格蘭北部進行了數次競爭性的考察。莫奇森再次走訪北部海岸和艾瑞波爾海灣（**Eriboll**）。在這裡，光禿禿的山丘從岸邊陡然升起，天氣晴朗時，穿入山坡的石英岩層在陽光下閃閃發光。他在好幾個地方畫下岩石地層圖，圖中的岩層和一八五六年尼可爾繪製的截面圖大致完全相同：底下是紅片麻岩，接著是托里敦砂岩、石灰石英岩系列，最後是穆瓦內片岩和片麻岩[19]。但同樣依據皮齊發現的化石，他卻得出完全不同的結論。如果石灰石英岩系列屬於下志留系，則依據標準地層表，下方的托里敦砂岩應該屬於寒武紀（在此之前被視爲泥盆紀）。這也表示上方的穆瓦內片岩和片麻岩，很可能是上志留紀石灰岩在當地火山活動中受熱，而大幅變質的結果。

對莫奇森而言，這是探究蘇格蘭北部岩石的另一種方式。跳脫泥盆紀三明治夾著年代較早的結晶岩內餡的舊概念，也排除尼可爾的「紅片麻岩——泥盆紀——石炭紀」低谷模型。莫奇森另外提出，和緩變化的一連串地層通過蘇格蘭北部，起點是西岸的第一紀紅片麻岩，接著是和緩連續的寒武紀和主要的志留紀岩石層序，從西部沿岸通過中央地區，最後是東岸的泥盆紀砂岩，也是唯一具有明確化石特徵的岩石。

尼可爾的模型指出岩石的沉積作用曾經發生大規模擾動，第一紀紅片麻岩和泥盆紀砂岩間有明顯間斷，其中完全沒有寒武紀和志留紀的蹤跡。莫奇森則認爲這段沒有間斷的緩和沉積過程持續數億年之久。尼可爾認爲蘇格蘭的地質經歷過很大的擾動，莫奇森的想法則正好相反，認爲這裡保留並清楚呈現完整的地球早期歷史。這個理論使蘇格蘭北部地質天衣無縫地與英國其他地區整合在一起，也把大部分蘇格蘭歸給志留紀。

莫奇森稱之爲他在對高地地質的知識發起的「大革命」[20]。蓋奇後來以更華麗的詞藻描述，莫奇森「地圖在手中，仔細描畫岩石的界線」，證明「高地的大片結晶岩體是變質的下志留紀時代地層」。

同時，尼可爾也再次走過這條路線。這個地區的地層有個特徵，一直讓他感到困惑：在露頭和懸崖的分布線上的某些地點，他發現大幅變質的穆瓦內片岩和片麻岩多半位於石灰岩、石英和老紅砂岩上方，但這些岩石似乎完全不受變質作用的熱和壓力影響[21]。尼可爾想像不出如何可能發生這種狀況。他知道變質作用的強大能量，通常會導致鄰近岩石的色彩和化學組成改變，這個過程稱爲接觸變質作用（**contact metamorphism**），經常會產生深色斑點。但尼可爾完全找不到這類斑點的證據。

然而還有其他證據。他在其他地點發現長石和蛇紋石等淡紅色的礦物結晶。這類結

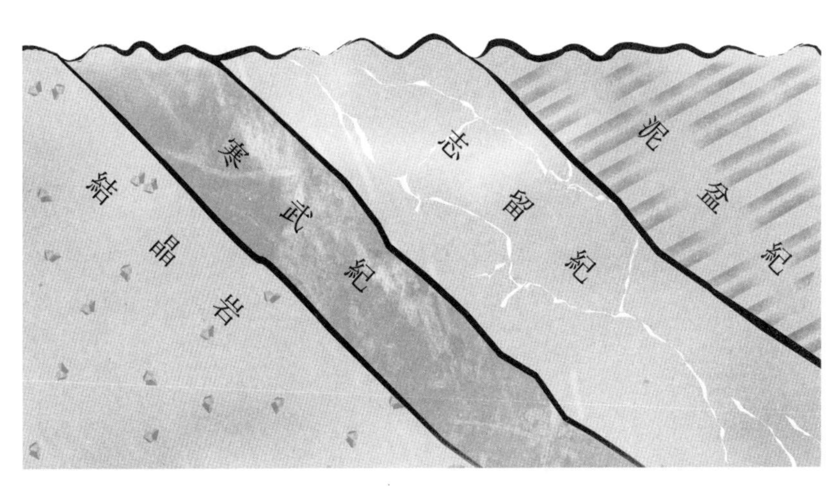

圖 9.3　莫奇森在高地地質發起的「大革命」與一八五六年尼可爾繪製的截面圖明顯不同。

晶經常出現在熔化的岩漿強力衝出地殼，流到地球表面後迅速冷卻，形成一團團礦物多面體的地方。但這些晶體大得多，代表這些礦物是歷經數百萬年慢慢冷卻下來的結果。在尼可爾看來，沒有接觸變質作用，又有一團團大型結晶，表示過程完全不同。

這個片岩和片麻岩的中央夾層，是否有可能不屬於石炭紀和志留紀，而是來自更早的年代，當時這些岩石在地球內部深處受熱變質，流出地殼後慢慢冷卻？幾百萬年後，地殼活動可能把一大片這種變質岩抬升到年代較晚的非變質地層上方，到達現在的位置。這樣一來，石灰石英岩層序將代表一團混亂的巨大斷層線（**fault line**），在這條斷層

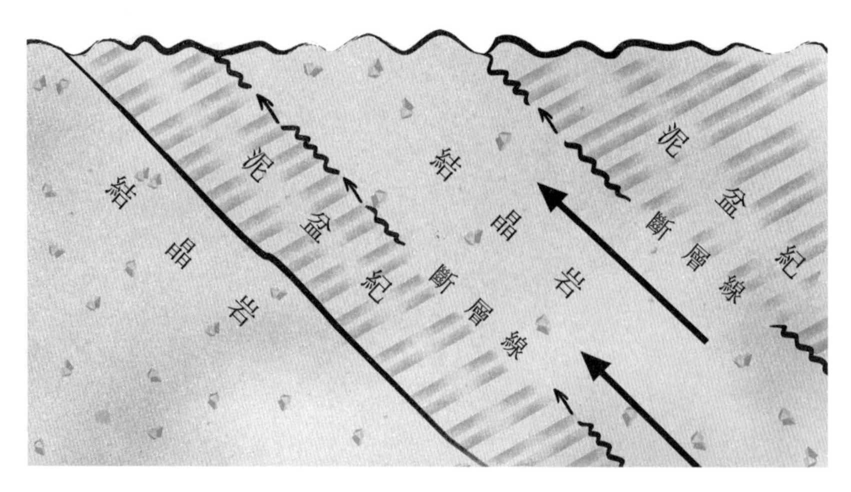

圖 9.4　尼可爾的修訂版蘇格蘭北部岩石圖，指出有一道巨大的斷層線通過蘇格蘭，岩石從東部移動到西部，並且被抬升到年代較晚的地層上方。

線上，古老的變質岩（可能是年代和西邊的紅片麻岩相同的第一紀岩石）被大規模滑動運動抬升後向東移動，最後位於年代較晚的托里敦砂岩沉積地層上方[22]。莫奇森看到的是一連串沒有間斷的地層從西向東通過蘇格蘭，尼可爾看到的則是一片歷經巨變的區域，寬闊的斷層線從阿勒浦到杜內斯穿過蘇格蘭北部。

攤牌的局面顯然無可避免。對決發生在一八五九年秋天，不列顛科學促進會在尼可爾的家鄉亞伯丁舉行的一場令人心酸的會議上。這場會議據說有兩千人參加，是蘇格蘭北部史上規模最大的科學會議。莫奇森是會議中的著名主講者，他剛剛接下貝什去世後的英國地質研究所所長遺缺[23]。在亞伯丁大學新禮堂一場擁擠的晚間會議中，他再度提到他十分「簡單」的高地結構。他這次的演講據說十分遲鈍而不流暢，完全沒有處理這個地區的問題。莫奇森採取幾乎可說是不假思索的普遍想法，認為這些岩層大致水平並依照時間規則排列，所以應該是地球的「自然順序」，而且火山噴發等活動造成的大規模擾動也只是局部現象。

尼可爾也提出自己的另一種看法。他是亞伯丁首屈一指的地質學家，也參與許多這次會議的主辦工作。但他的看法認為，地球表面曾經發生極大的擾動，這已經超出聽眾的理解程度，因為當時仍然普遍相信上帝創造的規律秩序。因此莫奇森的看法勝出，獲得極大的讚賞[24]。

地質學界幾乎全體支持莫奇森，甚至包括塞吉維克在內。在地質學普及化方面極具影響力的重要人物查爾斯．萊爾作為代表致答謝詞。已獲聘為牛津大學地質學教授的約翰．菲利普表示，莫奇森爵士「在半個地球」獲得極大的尊敬。皇家愛丁堡學會頒發布里斯本獎章給他，表彰他的科學成就。《亞伯丁日報》（*Aberdeen Journal*）的報導反映了許多人的看法，「多個橫切面呈現的證據十分明確且無可否認」，唯一令人驚訝的是「竟然有人對岩石的順序感到懷疑」。相反地，尼可爾的演講則幾乎無人提起，《亞伯丁日報》也只以極為高傲的態度簡短報導他提出「一種有趣的可能性」[25]。莫奇森帶著滿身光彩回到倫敦，中途暫停在巴爾莫勒爾，覲見維多利亞女王和王室成員，在這裡受邀觀賞幾個小時的高地運動會。

就某些面向而言，後來所謂的「高地爭議」，看來彷彿是莫奇森和塞吉維克的威爾斯爭議重演，不過兩者有個重要差異。莫奇森對塞吉維克相當尊重，但對尼可爾毫不尊重，而且他對於傷害蘇格蘭同胞也不感到內疚。尼可爾在一八六〇年十二月的倫敦地質學會會議上發表新論文時，據說莫奇森很不願意閱讀預印本。他曾經在另一個場合跟同事說：

是不是該賞給這傢伙一兩記耳光……他是個惡毒的傢伙，我很後悔那天找他一起去，讓（？）他（？）等等，穿過高地。他居心不良，而且第二年還狡猾地自己去蘇格蘭，企圖甩掉我，自己獨佔所有成就。我希望你能給他點教訓。[26]（標

問號處表示引用原始文獻難以辨識）

莫奇森絕對不會用這麼重的言詞來講塞吉維克。在英國地質調查所所長的新地位上，莫奇森的權勢和影響力十分龐大。很多年輕地質學家在激烈競爭英國地質學界少數幾個有薪職位的過程中，靠他幫忙獲得職位和前途，莫奇森也從不吝於利用這個關係。其後幾個月，他努力暗中破壞這個「固執的亞伯丁人」，讓英國地質調查所的年輕科學家相信，尼可爾少數的支持者都是一些「蘇格蘭派過時礦物學的老頑固」。[27]

尼可爾在猛烈攻擊中處於下風。他的反應沒有留下紀錄，同時繼續在夏天靜靜地描繪蘇格蘭的岩石，偶爾「有一位地質學界老友陪著他，這位老友能理解他的想法」[28]。但高地爭議使他開始孤立於英國地質圈之外。他的研究生涯停頓，後來唯一值得一提的作品是他的小書《蘇格蘭北部的地質與風景》（*The Geology and Scenery of the North of Scotland*）的簡短更新[29]。一位觀察者說，他漸漸「趕不上追逐科學名聲的年輕人」，而且變得「出名程度不及……他的成就應有的程度」[30]。在一幅後來的畫像中，尼可爾鬍鬚濃密、表情嚴肅，相貌低調，以羞澀又略帶謹慎的眼光看著世界。

但其實不是所有人都能接受莫奇森無視於威爾斯和蘇格蘭不確定和混沌不明的現狀，一心一意想擴展他的志留系。年輕地質學家普遍感覺，他對田野工作逐漸厭倦和草率，有興趣的是符合他的世界觀的證據，而不是認眞發掘事實。他們擔心，爲了迅速找到答案，可能錯過或忽視重要線索，而且岩石的故事可能比任何人推測的更加微妙複雜。

圖 9.5　詹姆斯·尼可爾晚年肖像。

一位英國地質調查所成員在給同事的信中寫道：「R爵士眞是個奇特的人。我覺得他寧可抹煞事實和其他一切，也不希望他的志留系初步概念捲入一丁點爭議……他說他的原始概念中每個部分都非常正確，但我們的研究結果則指出正好相反，眞的很悲哀。」[31]另一位則提到莫奇森「極度自我感覺良好或自尊過剩，非常喜歡榮耀感，所以想扮演創造者的角色。」[32]

此外，許多年輕地質學家在劍橋受教於塞吉維克，不樂於看到莫奇森輕視他的發現和成就。大約在這個時期，判定杜內斯的化石可能屬於志留紀的英國地質調查所古生物學家薩爾特寫信給塞吉維克說：

我們之中有些人領受您許多恩惠，並且真誠地關心您。現在我正沿著威爾斯南部邊界行進，肩負三個王國的所有化石工作！（至少目前是這樣）是誰帶我進入田野，讓我不再無知？就是您[33]。

曾經在劍橋受教於塞吉維克的另一名英國地質調查所成員朱克斯也寫過類似的信給他，稱他爲「敬愛的師父」，並且提到：「在我一生中，您的影響十分深遠，我有生之年都將永遠感念。」[34]他後來還不大公平地寫莫奇森：「做事全靠『鈔』能力，收買其他人的心血。」[35]

另一方面，莫奇森現在接近七十歲，越來越在意年老。他仍然持續爲志留紀奮戰，但也越來越急於跟某個人和解，在夜晚的沉靜時刻，莫奇森仍然視他爲良師益友。一八五九年，莫奇森的新「巨著」《志留紀》出版時，他送了一套給塞吉維克，但沒有收到回覆，因此有點不高興。一個星期後，他再度寫信給塞吉維克：「時光流逝，我們曾經一起度過許多快樂的日子，我相信你看到這套書時會相當高興，尤其是與蘇格蘭高地有關的內容。」但最後幾句話傳達的才是他眞正的感受：「我仍然懷抱希望，我在科學生涯中經歷的苦痛會過去，而你對我的友好情誼將會回來。」[36]

但事與願違。塞吉維克直到最後都沒有放下。一八六一年，不列顚科學促進會在曼徹斯特舉行年會，莫奇森宣布英國地質調查所採納他的「擴展志留紀」版本。據說塞吉維克怒氣衝衝地大喊：「他們當然接受，他們看到的資料和理論都是假的，所以一定會接受你錯誤百出的看法。」[37]第二年，在劍橋舉行的一八六二年年會上，塞吉維克指莫奇森「文字和行動都充滿虛假」，而且犯下「英國地質史上最大最惡劣的錯誤，是直接且故意的謊言」。[38]莫奇森害怕會出現這種狀況，所以婉拒參加這次會議。塞吉維克後來寫信給莫奇森：「我相信你做了輕率的、不公正的和不正確的事。」指控他一向有「自我感覺良好」的問題，因此「根本沒意識到生活倫理的重要責任」。[39] 塞吉維克自認受到非常不公平的待遇，因此持續要求莫奇森道歉，並收回在威爾斯擴展志留紀的決定。

後來莫奇森在日記中透露：「我的健康大不如前，但我盡一切努力和以前的好友塞吉維克重修舊好時，得到更糟的冷酷無情對待。我無法相信，我一向視爲最熱情慷慨的人，竟然會如此固執無情地對待我。」[40] 他後來寫信給同事道：「只要我不認爲他已經下定決心跟我絕交，我仍然會盡一切力量挽回友誼……我不知道他去年爲什麼變得如此冷酷無情。」[41]

塞吉維克現在已經七十多歲，經常生病，沒有心思持續工作。他仍然爲學生上課，雖然風格仍然有趣，但心不在焉，時常離題。一位學生後來寫道：

桌上的化石或牆上的圖表，這個景象讓人想起他發現這個化石或記下這些資料的時候，他會停下來，以充滿活力的愉悅回憶、鮮活生動的描述和坦率活潑的詞句，述說「我們一起經歷的美好時光」印象至今還留存著。後來話鋒一轉：「但這只是題外話，各位，只是順便一提。」他會突然轉向助教說：「那個化石在哪裡？嗯？你說什麼？哦，啊，對！」接著轉換話題，介紹形成這個化石的動物[42]。

八年之後的一八六九年，莫奇森的妻子夏綠蒂去世。塞吉維克終於寫信給他，但寫得相當拘謹。以往友好而隨意的「親愛的M」不再出現。這封信以正式的「羅德里克·莫奇森爵士敬啟者」開始：

我不希望太早打擾仍在哀傷中的您。的確，我深居簡出已經接近兩個月，我最關注的事往往也要一個星期或十天以上才能得知。我知道，我說您深愛的妻子去世的消息使我心中充滿深沉的哀傷，您一定會相信我[43]。

莫奇森回了信，再次重申他希望和解：「如果我提出的解釋能夠讓您接受，因而終結二十多年來令我難過不已的疏離，我將衷心地感到滿足。」

塞吉維克當然沒有回覆，但時間已經不多。一八七一年十月，莫奇森去世，安葬在倫敦的布朗普頓墓園，在他一生鍾愛的排場和儀式中備極哀榮。忠實的傳記作者蓋奇也在場，並記錄：「女王和威爾斯親王都派馬車參與送葬行列表達敬意。在棺木後方步行的人當中，最顯眼的身影是首相格拉德史東。」[44]

塞吉維克也來日無多，一年又三個月後，一八七三年一月，塞吉維克在劍橋三一學院的房間裡去世。他的紀念碑位於三一學院的教堂前廳，旁邊是他一生的好友與同事惠威爾。惠威爾一直在努力平息塞吉維克和莫奇森之間的衝突。

許多人認爲英國地質學史的一個時代到此結束。貝什和格林諾於一八五五年去世。教過塞吉維克和莫奇森的菲利普，則比塞吉維克晚一年去世。影響力極大的理論和普及地質學家萊爾也於兩年後去世。維多利亞時代的這些地質學先驅成就非凡，但地球早期岩石的鑑定和地層定序工作都面臨瓶頸，陷入混亂和不確定的困境。

在威爾斯，寒武紀和志留紀這兩個時期間的界線仍有爭議。在蘇格蘭，莫奇森想把大部分高地納入志留紀的想法，也留下許多細節上的疑點。這個時候需要新一代的地質學家，「比較年輕、也更有活力的族群」[45]，以全新的眼光來看這個問題。站在最前方的是一位三十歲的鄉下學校教師及業餘地質專家，剛剛搬到蘇格蘭邊界緩和起伏的山中，他的名字是查爾斯．拉普沃斯。

CHAPTER 10

失落的關鍵：發現奧陶紀

（1864～1884年）

加拉希爾斯（Galashiels）小鎮位於兩邊都是陡坡的加拉河谷，周圍是山丘起伏的蘇格蘭邊界。這裡曾經是人們勤勉工作的工業城鎮，有二十多座工廠運用加拉河的軟性水質清洗羊毛，同時也爲正興盛的紡織業供應動力給織布機。然而到了一九八〇年代，廉價進口產品使得維多利亞時代工廠逐漸老舊，工廠一間間關閉，以往的大街人去樓空。年輕人搬走，平價商店搬了進來。現在只剩臨時性的店鋪還在販賣花呢和蘇格蘭裙給路過的遊客。現在，若瀏覽當地博物館和記錄這個地區過往歷史的網站，可以看到這段樓起與樓塌的過程。

不過這裡面遺漏了一個重要的故事。紀錄沒提到這個小鎮上某位極具影響力的居民，他的生平和時代背景。一八六〇和一八七〇年代，這個人曾在加拉希爾斯生活和工作，度過豐富的十一年。如果沒有他，雜砂岩問題或許永遠無法解決。

查爾斯·拉普沃斯（Charles Lapworth），大家都叫他的暱稱「查斯」（Chas），一八六四年從出生的牛津郡搬到蘇格蘭邊界，當時二十歲出頭，剛剛取得教師資格。他到這個鎮上的一所教會學校教授英文和藝術，不過據說他是受華爾特·史考特（Walter

Scott）的小說吸引，才來到這裡荒涼開闊的山間。史考特剛剛在附近自己建造了一棟華麗的莊園宅邸[1]。

拉普沃斯個性開朗，對自然界相當好奇。當他探索小鎮周圍的鄉間，或是對照史考特小說中提到的地方和事件按圖索驥時，開始對這個地區的地質感到興趣。他和來自愛丁堡的當地地質學家成為朋友，說不定還曾經遇見英國地質調查所前來測繪周圍山地的調查團隊[2]。

十年之前，莫奇森和尼可爾第一次合作時，曾經探索這個地區，斷定這裡的岩石由一連串微微傾斜的深色頁岩（高度壓密的泥土）和粗砂岩構成。這裡有斷層和皺褶，使狀況更加複雜，但一般認為岩石大致上沒有受到擾動。這裡的化石紀錄少得令人沮喪，因此很難確定年代，但從灰色粗砂質的組成和外觀看來，它們可能類似威爾斯邊界的卡拉多克砂岩和上蘭代羅頁岩。所以莫奇森和尼可爾斷定它們屬於下志留紀。剛由莫奇森接手主掌的英國地質調查所到現場勘查，也提出類似的結論。但謎團仍舊並未解開。

如果把這幾十層頁岩和砂岩的厚度相加，總深度將達到將近八千公尺，使得南部高地單一地區的下志留紀岩石厚度，相當於世界其他地區所有志留紀岩石的總厚度，這樣似乎有點奇怪。還有一點使狀況變得更不確定，就是確定存在的化石大多是十分細小且所知極少的筆石。簡而言之，依據某位著名蘇格蘭調查員的說法，斷定這些岩石是莫奇森的下志留紀卡拉多克岩和蘭代羅岩石，這麼做其實「十分模糊、籠統」，而且「只是根據一連串的可能性」[3]。拉普沃斯在山中漫步時，可能曾經好奇，寒武紀和志留紀時期邊界的激烈爭議，是否會在他腳下重演。

加拉希爾斯附近的山丘受侵蝕作用影響，形狀圓潤平滑，有幾個自然形成的岩石露頭。但十九世紀晚期，這個地區興盛的工業城鎮需要建築石材和運輸道路，山丘被採石場和鐵路開膛破肚，露出底下的地層（新的鐵道路塹對地質學家是很大的誘惑，導致至少一位地質學家喪命，粗心大意之下「在隧道口被輾成兩半」[4]。

比較有名的一個地點是小村莊索爾尼利（Thornylee）附近又深又長的路塹。通往愛丁堡的鐵路剛剛完工，在這裡切穿特威德谷（Tweed Valley）的山丘。拉普沃斯和朋友詹姆斯．威爾森（James Wilson）經常造訪這片剛剛露出的岩石。威爾森是當地記者，後來擔任

《邊界廣告報》（*Border Advertiser*）的編輯。他們很快就發現，這些岩石完全不符合莫奇森和尼可爾關於這個地區的簡單地質模型。在這條路塹上的好幾十個地點，地層中有急遽突然的皺褶和明顯的斷層，不符合微微傾斜的無擾動岩層的說法。這些地層通常相當薄，有奇怪的角度、傾角，有時隱沒，有時更是完全反轉，因此幾乎無法分辨出不同的岩層，或是找出它們之間的關係。此外尼可爾已經發現，岩石紀錄非常稀少。拉普沃斯寫道：「若要藉由岩性和地層證據弄清楚它們之間的關係，很快就會絕望而放棄。以動物特徵區分它們，似乎是沒有辦法中的辦法。因爲在許多地方，先前繁殖力較強的動物群已經消失，在某些地方只發現零星的一兩種形式，僅限於改變較少的區域，厚度只有幾英寸。」[5] 這點初步指出，莫奇森和尼可爾明顯低估了這個地區的複雜程度。

當時才二十多歲的拉普沃斯一定也很困惑該怎麼繼續進行。他可能還抱著一點希望，所以把目標轉向僅有的大量化石，也就是筆石。這些化石乍看之下像是隨意劃在岩石上的塗鴉，不像生物的殘骸。的確，正因爲它看起來像塗鴉，所以稱爲「筆石」。它們有時像細小的螺旋，有時像Y形的樹枝、鋸片或鋸齒狀的魚鉤，沒有人看得懂這些奇怪的符號。但在蘇格蘭邊界這些令人疑惑的岩石中，拉普沃斯很難找到其他的研究對象，所以在

圖 10.1 筆石留下的印記奇特並且模糊不清。

一八六〇年代中期，他開始有系統地採集筆石和編製目錄，還註明「這些奇特的生物一直沒有受到應有的注意」[6]。

這個過程異常困難辛苦。筆石大多相當小，很難找到，而且容易損毀。爲了採集筆石，據說拉普沃斯在妻子珍娜協助下設計出「地質背心」。這件服裝是無袖短外套，前襟上有一排口袋，可以讓他小心地放置細小易壞的樣本[7]。拉普沃斯和威爾森慢慢累積出四十多個不同的物種。許多種筆石彼此間幾乎無法分辨，以往也從未鑑定過。

但化石本身只是故事的一部分。要把化石當成地質時期的標記，必須知道哪些物種究竟來自哪些岩層。拉普沃斯和威爾森探察採石場、路塹和山丘中的溪床時，這點成爲很大的問題。他們觀察得越多，看到的地層越複雜紊亂。岩層極爲細緻，會出現扭曲、穿刺、合併，有時完全不見蹤影。他們不得不手腳並用地在每塊裸露的岩石上慢慢爬行，盡可能辛苦地沿著岩層前進，記錄每個化石的確實位置。他們一定曾經懷疑，這件事會不會是不可能的任務。但他們慢慢地發掘出令人驚嘆的故事。

收穫最豐碩的一個地點，是加拉希爾斯到莫法特的道路附近的一處小峽谷。某個夏天早晨，我開車到那裡時，看見一片片紫色的石楠和小棵長滿紅色莓果的花楸，點綴在翠綠的山丘上。道路緩緩繞出特威德谷，下降到莫法特河谷，在伯克希爾（**Birkhill**）這個地方經過一棟偏遠的白粉牆牧羊人小屋。在北邊，走過長滿草的山坡後，山坡上有一道缺口，莫法特的上游支流在這裡切穿岩石，露出一層層黑色和灰色的頁岩和砂岩。小小的溪流和瀑布衝下陡峭的山坡。這裡稱爲多布斯林（**Dob's Linn**）[8]，是蘇格蘭南部少數自然裸露的岩石。拉普沃斯看到它時，一定如同沙漠中快渴死的人看到綠洲一樣。

一八七〇年代有五、六年的夏天，拉普沃斯可能依靠妻子幫忙，當然還有威爾森的協助，在這裡的牧羊人小屋住上好幾個月，仔細測繪細薄又捉摸不定的泥岩層，敲下鋒利的岩石碎片。許多岩石上有模糊的筆石印記，拉普沃斯小心地把它們放在背心上適當的口袋。他有耐心、仔細又有條理。據說他擁有「辨別岩性變化的銳利眼光，和儲存岩性種類的強大記憶力」[9]。

辛勤工作了幾個月後，模式慢慢浮現。厚度往往只有幾英寸（一英寸爲二點五四公分）的頁岩，每一道似乎都是不同的層或區。即使以最銳利的眼睛來看，它們都極難分辨，但好幾年之後，拉普沃斯發現他能分辨出每道頁岩有五種不同的岩石：最上方是深灰泥狀粉砂岩；接著是幾乎看不出來的另一層灰色泥岩；然後是帶有堅硬的矽質條紋、看得出來和前兩層非常不同的深灰色和黑色頁岩；接下來是又一層黑色矽質頁岩；最後是第三層黑色矽質頁岩，跟上面一層之間有非常薄的泥岩和粉砂岩。

這項工作非常精細，但他的下一步才是眞正的重大突破。在位於伯克希爾的牧羊人小屋，拉普沃斯放了一座五斗櫃，每個抽屜對應頁岩中的一層。採集化石一整天之後，他每天晚上會有系統地把化石從背心上的口袋放到對應的抽屜裡。一段時間之後，他發現每個筆石和它在頁岩中的區域有一定的關係，而且相當精確。他這樣說明他的程序：「我們把最上層灰色頁岩中的筆石放在第一個抽屜，第二層岩石的筆石放在第二個抽屜，依此類推。在晚上的閒暇時間，我們命名和鑑定這些筆石，但一定會小心地放回正確的抽屜。」[10]

拉普沃斯藉由這個過程，獲得了非常重要的發現：

我們發現，這幾個抽屜裡的筆石分為三組。最上面兩層岩石中的筆石是一組。中間兩層頁岩的筆石是第二組，最下方堅硬岩層中的筆石是第三組。一組筆石中的物種不會出現在其他組別中。

換句話說，每層頁岩都包含三個不同的筆石分區，說明如下：

①最上方兩層泥岩、粉砂岩和頁岩。他稱之爲伯克希爾頁岩（Birkhill Shale），名稱源自伯克希爾的牧羊人小屋。

②中間兩層灰色和黑色矽質頁岩。他稱之爲哈特菲爾頁岩（Hartfell Shale），名稱源自多布斯林東方的山丘。

③最下方的黑色矽質頁岩。他稱之爲格蘭基恩頁岩（Glenkiln Shale），名稱源自附近的河谷。

這是史上第一次以筆石當成化石標記，也意味著缺乏顯著化石指紋的大片雜砂岩，終於有機會確定年代。以往沒有人這麼精細地研究岩石。現在我沿著來此造訪的地質學家踩出的路跡走進多布斯林，有一種走在聖地的奇特感受。拉普沃斯和威爾森就在這裡澈底刷新我們了解古代岩石的能力。

其後幾年，拉普沃斯井井有條地考察周圍的山丘，湍急的溪流在這些山丘上沖刷出邊岸和溝壑，可以驗證他的發現。他向東到達柏立克郡（Berwickshire）的北海海岸，向西到達艾爾郡的愛爾蘭海海岸。他在每個地點都發現裸露出來的岩層由類似的頁岩層組成。

這些頁岩層中的三個筆石分區，和他在多布斯林看到的筆石分區相同，差異只在於細節的多寡。

最後在一八七八年，他們展開研究的十年之後，拉普沃斯和威爾森以一篇重要論文〈莫法特系〉（**Moffat Series**）發表他們的發現[11]。這篇文章提出幾項重要結論。如果每個頁岩層包含的筆石群完全相同、模式也相同，則我們應該可以確定，構成這些岩石的不是一系列不同的頁岩層，而是相同的頁岩層屢次斷裂後對摺，形成由許多層構成的假象。的確，拉普沃斯和威爾森精細檢視每個頁岩層分區的結果，明確指出：許多分區曾經翻轉，現在呈現上下顛倒的狀態。

這點也證實這個地區的岩石十分紊亂，但其實已經不需要證實。同樣重要的是，這表示拉普沃斯當時仍視爲下志留紀的岩石，看來厚度極大又令人不解，其實也是假象。拉普沃斯和威爾森證明，它的厚度並非莫奇森和尼可爾（以及英國地質調查所）聲稱的接近八千公尺，而是同一層下志留紀岩石一再對摺，形成虛假的厚度。實際厚度應該接近九十公尺，這個數字比較接近世界其他地區的下志留紀岩石。

〈莫法特系〉論文證明了筆石具有可視爲化石標記的獨特價值。拉普沃斯證明，這種奇怪的海洋生物在相當短的時間內迅速演化，因此成爲極爲靈敏和精確的地球岩石演變標記。此外，它們經常乘洋流，漂得又遠又廣，因此在地球上許多地區都可視爲標記。這使它們從令人不解且多半被忽視的化石，變成測繪地球早期岩石的重要資料來源。後來一位評論家寫道：「除了菊石之外，沒有其他生物比筆石更能指出距離極遠的不同地區地層間的關聯。」[12] 新的田野工作形式「微田野工作」（拉普沃斯和威爾森比較喜歡稱爲「筆石分區現象」）就此誕生。拉普沃斯預測：「微田野工作將在地質研究史上掀起一場革命。這次革命將和顯微鏡在生物學史上掀起的革命同樣重大，帶來的進展也同樣迅速。」[13]

拉普沃斯接下來的工作，是找出三個分區和更大的地層表之間的關係。爲了達成這個目標，他選擇廣受認可的莫奇森「擴展志留系」，再依據他提出的分區岩性和化石，指出它們代表下志留紀卡拉多克／巴拉岩層和蘭代羅岩層。[14]

這些發現十分傑出，更了不起的是在全英國最複雜紊亂的地質區得出這些發現。拉普沃斯的朋友，同樣是地質學家的威廉．瓦特（William Watts）後來寫道：「無數的陷阱和坑洞，一個清楚明確的地方都沒有，頭上和腳下都有岩石。」[15]

目前無從得知這些突破性的發展是否曾經傳到塞吉維克或莫奇森耳中，但〈莫法特系〉論文發表時，他們兩人都已經去世好幾年。即使他們能活著看到這篇論文，他們是否能爬出各自的堡壘，提出任何看法，也很令人懷疑。

地質學界當然多半不願意再提起這個爭議。英國地質調查所對〈莫法特系〉論文的反應非常不好，他們這次同樣沒有掌握這個地區的地質複雜程度，現在可能必須全面重新考慮他們對蘇格蘭岩石的理解。但更廣大的地質界則相當讚賞，第二年，拉普沃斯獲得莫奇森地質基金的經費，完成蘇格蘭南部調查。他當時一定很高興這個結果，大約一年後的一八七九年，他採取了合理的下一步。

依據他的朋友威廉．瓦特的說法，他「巧妙但審慎地」加入塞吉維克和莫奇森之間的爭議，把他的三個筆石分區和寒武系與志留系之間有爭議的界線對照，結果頗具爆炸性。

	莫奇森的地層	拉普沃斯的分區
上志留紀	拉德洛	
	溫洛克	
下志留紀	卡拉多克/巴拉	伯克希爾頁岩
		哈特菲爾頁岩
	蘭代羅	格蘭基恩頁岩
寒武紀		

圖 10.2 將拉普沃斯的筆石分區套用至一八七八年簡化版的莫奇森擴展志留系。

在分區表最上方，他指出柏克希爾和哈特菲爾頁岩之間的化石紀錄完全中斷。拉普沃斯寫道，兩種岩石之間：

莫法特系化石的屬和種，突然出現十分不尋常的改變。……在我們已描述過的「上柏克希爾地層」中所採集到的化石，幾乎沒有一種是與這條線以下的地層相同的……因此，這裡是主要的古生物間斷，所以我們把莫法特系自然分類的主要分界線畫在這裡[16]。

確實，生物群間斷的意義十分重大，因此拉普沃斯斷定伯克希爾地層和哈特菲爾及格蘭基恩頁岩，一定屬於完全不同的地質時期，而不只是志留紀的不同分區。

簡而言之，這正是位於莫奇森志留系中央的間斷或不整合面，塞吉維克先前曾經指出。

但這不只是寒武系和志留系間的界線應該位於何處的舊爭執再度登場。拉普沃斯主張，哈特菲爾和格蘭基恩頁岩中，相同的化石物種數量相當多，足以視爲同一個時期，但下方的化石紀錄又有重大改變，出現完全不同的筆石群。這表示哈特菲爾和格蘭基恩頁岩包含相同的獨特化石群，和上方與下方的化石群完全不同。塞吉維克和莫奇森之所以都無法決定寒武紀和志留紀間的界線，就是因爲這點：**他們不知道兩者之間還有第三個完全不同的地質時期**。

這相當於掀起一場革命。拉普沃斯把它命名爲奧陶紀（**Ordovician**），這個名稱源自最後一個生活在威爾斯西北部的凱爾特族部落：奧陶人（**Ordovices**）。他寫道：「每個地質學家最後都會得出相同的結論。大自然把下古生代岩石分成三個大致相等的系統，根據歷史、狀況和地質，爲中間系統提出一個獨立的名稱是唯一可能的選擇[17]。」

現在我們知道，奧陶紀是海洋生物迅速增加及多樣化的時期。四億四千三百萬年前奧陶紀結束時，大規模冰河作用導致百分之八十五的生物死亡，是地球史上第三大滅絕事

莫奇森版	
上志留紀	拉德洛
	溫洛克
下志留紀	巴拉/卡拉多克
	蘭代羅
寒武紀	寒武紀粗砂及頁岩

塞吉維克版	
志留紀	拉德洛
	溫洛克
上寒武紀	巴拉/卡拉多克
	蘭代羅
下寒武紀	寒武紀粗砂及頁岩

拉普沃斯版	
志留紀	拉德洛
	溫洛克
奧陶紀	巴拉/卡拉多克
	蘭代羅
寒武紀	寒武紀粗砂及頁岩

圖 10.3　莫奇森、塞吉維克和拉普沃斯版地層表比較，一八七九年左右。

件，後來志留紀隨之開始[18]。奧陶紀在莫奇森的「擴展志留系」當中幾乎佔去整個下半部，使志留紀大幅縮小，只剩下原本的上志留紀代表整個志留紀。同時它也在塞吉維克的擴展系統中佔去整個上寒武紀，同樣使塞吉維克的系統大幅縮小。

地質學界中許多人對這個結論感到懷疑。塞吉維克和莫奇森剛剛去世，但他們的影響力和權威仍然相當強大（尤其是莫奇森）。過了二十年，英國地質調查所才完全接受奧陶紀，又過了六十年，奧陶紀才被國際地層委員會（International Commission on Stratigraphy）接受，這個委員會是國際地質科學聯盟（International Union of Geological Sciences）中負責岩石定年的分支機構[19]。當時一封寫給報紙的信件寫道：「科學界的高官不會解決問題，只會解決揭露問題的

圖 10.4 查爾斯·拉普沃斯，一八八〇年代晚期。現今似乎完全沒有他年輕時的照片。

民間工作者。」[20]

今天，多布斯林牧羊人小屋的大門附近，有塊牌子寫著：「柏克希爾小屋，一八七二至七七年，查爾斯·拉普沃斯在此發現筆石，對研究周圍山丘地質結構具重要價值。」後來一位評論家寫道：「沒有其他生物像筆石這樣，以自己的殘骸寫下歷史。」[21]

但拉普沃斯沒有就此停手。一八八一年他三十九歲時，獲聘爲梅森理學院（**Mason Science College**）首位礦物學與地質學教授。這所學校是英國伯明罕大學的前身，專門培養來自各種背景的科學人才。第二年，他決定把這套新分區方法，運用到古代岩石的特性和結構尚未確定的另一個地區：蘇格蘭北部的山區和泥炭沼地。

莫奇森二十年前對於高地地質提出的看法，當時已被普遍接受。它對高地北部的看法和南部一樣，認爲是逐漸變化的一連串地層，年代由西到東越來越晚。從西部沿海的第一紀岩石開始，到東邊的泥盆紀老紅砂岩結束。如此一來，莫奇森得以把大部分中央地區納入志留紀，也就是穆瓦內的沼澤和泥炭沼地（又稱爲弗羅濕地）。

但曾經和莫奇森合作過一次的尼可爾指出，這個說法，忽視了變質程度極高的穆瓦內片岩和花崗岩下方有一層石灰岩和石英，稱爲杜內斯石灰岩。這層岩石完全沒有受到造成變質的高溫影響。爲了解決這個地質難題，尼可爾提到地殼的大規模運動。這些運動把大塊古代變質岩帶到地表，位於未變質的石英和石灰岩上方，形成沿南北方向通過蘇格蘭北部的龐大斷層線。

這表示這個地區的地質有兩種完全相反的版本。大衛．奧德羅伊德（David Oldroyd）在他關於高地爭議的重要著作中曾經提到，拉普沃斯「本來會把高地西北部視爲大好機會，可以再次展現他的田野工作方法的效益」。[22]

拉普沃斯留下的資料，現在存放在伯明罕大學以他命名的博物館中，據說是全英國最完整的單一地質學家資料庫。一架又一架的紙箱，裡面裝著化石、筆記本、信件和數百張寫上註記的地圖，其中許多還沒有編目。裡面似乎沒有日記，因此拉普沃斯的田野工作有許多項目已經遺失，但我們知道在一八八二年八月三日，他從伯明罕踏上長達一千公里的旅程，前往蘇格蘭最北端海岸。蘇格蘭地質學家查爾斯．皮齊就是在這裡發現杜內斯石灰岩層中有當時判定爲志留紀的岩石。我們也可以推測，拉普沃斯認爲這裡很適合運用他的分區技巧。

從表面上看來，這個挑戰相當單純：他是否能運用微田野工作技巧，判定哪個岩石理論是正確的？但在濱海村莊杜內斯附近，杜內斯石灰岩緩緩沒入海中的地方，拉普沃斯沿著一連串長滿草的低矮河岸前進時，一定感覺到心在逐漸下沉：這裡幾乎完全沒有筆石等化石，少數僅有的幾個，也幾乎不可能完整地挖出來。沒有足夠的資料可以運用高地南部的分區技巧。

因此他朝東邊移動，沿著海岸前往埃里波爾峽灣（**Loch Eriboll**）美麗的水域及其周圍散布的農耕聚落，他在賀蘭姆渡口（**Heilam Ferry**）住下來，那裡有個小旅館兼做當地渡船的售票處和等候室[23]。現在那裡已經荒廢，荒涼的標示牌告訴訪客，蘇格蘭法定的「漫遊權」不包括「闖入」這處產業。

在長有墨角藻而變得滑溜的岩石上，他看到一塊塊結晶片麻岩，其中的礦物排列成著名的黑白相間條紋，一塊塊紅色的花崗岩點綴著淺色的雲母晶體。但所有化石紀錄都因爲變質作用的高熱和高壓而消失。他很快就擴大搜尋範圍，在沿著海岸延伸的沼澤中長途跋涉，這裡長滿了青草和石楠，杳無人煙，幾乎難以通過。這裡化石紀錄同樣又少又模糊，拉普沃斯很快就遺憾地判定，他必須回頭採用比較傳統的方法，筆石分區法這次無法再度發揮作用。

一片光禿禿的岩石引起他的注意。他從賀蘭姆渡口的旅館房間裡，看到灰色海水對面的岬角有個小懸崖，從懸崖的色彩和紋理變化，看得出是一連串不同的地層。拉普沃斯穿過茂密的石楠和蕨類爬上去，用他慣於觀察細節的雙眼鑑定，然後描畫這些明顯的岩層。這次採樣同樣是緩慢、辛苦且手腳並用，每隔幾公尺就停下來敲打岩石，敲去風化表面，觀察底下的岩石。幾個星期專注仔細工作後，他畫出這座懸崖的詳細截面圖。這張圖似乎自然分成三大層，大致上是這樣：

①最上層是變質程度極高的暗沉紅黑色穆瓦內片岩，中間穿插鮮豔的雲母層。

②幾層淺色白堊狀杜內斯石灰岩和粗砂岩[24]。

③灰色基底石英。

這裡正是拉普沃斯要找的地方：北方的多布斯林。

他和以前一樣，用它當成範本，描畫出埃里波爾南邊和北邊，以及沿岸岩石中相同但沒那麼明顯的圖樣。他以小而整齊的手寫字體，把這些發現記在六英寸對一英里（比例尺約為一萬零五百六十分之一）的軍備測量局地圖上。他把地圖裁成正方形，以便攜帶使用。他這麼做之後，有兩件事立刻變得十分明顯。

第一，他遭遇到尼可爾當初也遇到的問題：變質程度極高的穆瓦內片岩和片麻岩位於最上層，下方是一層未變質的石灰岩和砂岩，這層岩石完全未受變質作用的高溫和高壓影響。第二，這個地層一再摺疊斷裂，明顯表示這裡的地殼曾經發生大規模運動。拉普沃斯後來記錄：「杜內斯地區岩石的摺疊、皺褶和反轉相當多。從片岩和片麻岩開始，幾乎每一層都有非常大的皺褶和摺疊。」[25]莫奇森對這個地區提出的「單純」模型再度失效[26]。

不過這裡也有其他東西。拉普沃斯發現，從泥煤和石楠間探出頭來的石塊中，有幾十條細線或紋層（**laminate**）。他用放大鏡仔細觀察，可以看出這些細線不是地層，而是岩石顆粒被壓碎後，再被高壓高熱「推開」的結果。這些細線似乎意味著地殼中的側向運動把岩石分開後壓碎。他在給朋友的信中寫道：「想像有一台巨大無比、力大無窮的滾壓輾碎機。頁岩、石灰岩、石英岩、花崗岩和最難破壞的片麻岩，在這部地球機器的巨大力量下，都像補土一樣軟綿綿，最後全都壓扁成薄薄的均勻紋層和紋理。」[27]他把這種岩石命名為糜嶺岩（**Mylonite**），英文名稱源自希臘文的**mylon**，意思是「磨粉機」，說明這種岩石是磨得很碎的顆粒受高熱和高壓作用而形成。對拉普沃斯而言，這是支持尼可爾論文的強力證據，認爲蘇格蘭西北部岩石不是逐漸變化的一連串地層，而是承受過大規模的斷裂和活動，他後來稱之爲「滑動面」（gliding plane）[28]。

一八八二年夏末，拉普沃斯回到伯明罕整理他的發現。第二年春天，他在倫敦的地質學家協會（**Geologists' Association**）發表演講，題目是「高地的祕密」（**The Secrets of the Highlands**），後來又發表了一連串演講[29]。他在演講中指出，古代山區中的穆瓦內片岩「由地質年代差異極大的岩石構成」，其中有些從地殼深處抬升上來，這些岩石「在強大側向壓力下粉碎後擠在一起，局部反轉，大幅度移動，並且部分變質」。他和尼可爾一樣，想像有一大片古代岩石「在大自然駭人的動盪中抬升到年代較晚的岩石上方。這片區

域十分遼闊，超出任何人的想像」，沿著通過這個地區的龐大斷層線攪和翻動，最後形成
麋嶺岩層。

後來一位同事提到拉普沃斯的才能時寫道，「他擁有強大的三維空間思考能力」[30]，「極少人能在聽眾面前介紹這片陸地，讓聽眾似乎看得到景物和植被底下的岩石架構」。[31]

儘管有這個有力又激起回憶的證據，但拉普沃斯也和尼可爾一樣違逆了主流想法，一位同事警告他：「你會被要求提出非常有力的證據來證明你的看法……地質學界的主流觀點……大多站在對立的一面。」[32]

因此一個月後，白晝時間逐漸加長時，拉普沃斯回到蘇格蘭北部證實他的想法，並且更仔細地觀察斷層線。他很有畫圖天分，擅於觀察陸地的起伏。他細心標示的軍備測量局地圖，以及精美的海岸與鄉間手繪圖，說明他從阿辛特地區奇異的紅砂岩山丘，到埃里波爾附近的北部海岸的探勘成果，描繪了蘇格蘭西北部超過一百六十公里的麋嶺岩露頭和相關的斷層作用。這正是二十六年前尼可爾測繪過的斷層線。

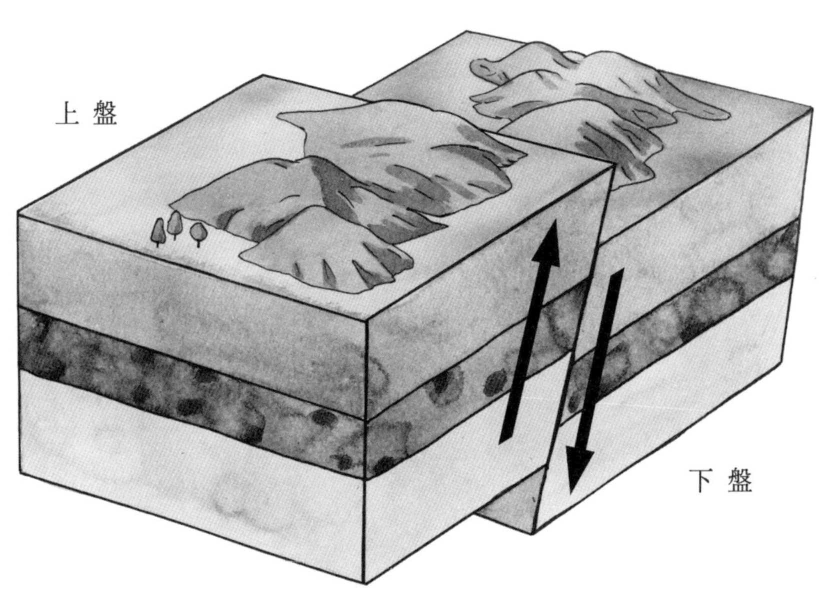

圖 10.5 典型的逆衝斷層，例如通過蘇格蘭西北部的斷層。

在偏遠而地形崎嶇的地方工作，相當耗費體力，辛苦跋涉似乎開始造成傷害。拉普沃斯還來不及完成工作，就被不明疾病擊倒。一位朋友寫道：「他病倒在阿納波爾嶺（**Arnaboll Ridge**，位於埃里波爾湖）下的牧羊人小屋時，曾經幻想片麻岩仍然在他發現及測繪的逆衝斷層（**overthrust**）上向西移動，他和小屋都會被移動的岩石壓碎。」[33]這個經驗太嚇人，拉普沃斯反常地拋下一切，回到伯明罕的家中。

我們無從得知當時究竟發生什麼狀況，是工作過度還是某種感染？拉

圖 10.6 拉普沃斯所繪的蘇格蘭北部海岸圖。

普沃斯的身體開始惡化。另一種可能是，他或許得了某種心理疾病。他支持尼可爾的逆衝斷層，因此和地質學界對立，包括曾經和他爭論過的人：阿奇伯爾德．蓋奇，莫奇森的朋友、同事以及傳記作者。四年前，拉普沃斯發表奧陶紀概念，使英國地質調查所不得不重新評估他們對高地南部地質的了解時，蓋奇是調查所的蘇格蘭地區主管。從此之後，蓋奇一有機會就反對「奧陶紀」的概念。如果拉普沃斯的理論正確，那麼現在已是英國地質調查所所長的蓋奇，四年後將必須對他視爲業餘者的人認輸[34]。是否

圖 10.7 一八八三年夏天拉普沃斯繪製的地圖。圖中除了常見的工整圖形，又畫了不尋常的紫色蠟筆塗鴉。有人認為這代表他的精神狀態不佳。

可能眞如某些人的說法，拉普沃斯遭到地質學界排擠，又孤單地待在蘇格蘭北部的偏遠據點，蓋奇的反對使他的處境變得艱苦又孤立，因而影響他的精神狀態？他這個時期畫的地圖一如往常地工整，但上面有孩童般的神祕紫色蠟筆塗鴉，因此有人猜測他的精神狀態可能不佳。

但沒有明確證據指出拉普沃斯是否在乎蓋奇。依據當時其他人的說法，拉普沃斯認爲眞理是「眞正的宗教」[35]，因此不大害怕地質學界。的確，就在幾個月前，他對蓋奇新出版的地質學教科書寫了一篇嚴苛的評論，認爲作者「受到嚴重矇蔽……可笑地不願承認，出生在英國的人民，卽便不屬於皇家地質調查所的成員，也能發表卓越的地質學研究成果」。[36] 如果拉普沃斯眞的害怕自己的行動可能造成的後果，應該不會寫出這樣的評論。但無論那棟偏遠的牧羊人小屋裡發生了什麼事，現在看來，拉普沃斯研究成果的影響十分清楚：莫奇森以及英國地質調查所都錯失了高地的重要地質特徵。蓋奇一定深深地感到不安，同時當然會受到來自調查員的強大壓力，因此不得不同意再次進行新的調查。

一年之後，拉普沃斯以及更早前尼可爾提出的預測獲得證實：以往獲得認可的高地地質模型並不正確。這個地區不是緩緩變化的一連串岩石，年代由西往東越來越近，而是一片龐大的逆衝斷層（**overthrust**）或逆斷層（**thrust**），其中的穆瓦內片岩從地殼深處抬升並向西移動，最後停留在年代較近的杜內斯石灰岩上方。

這又是一項傑出的成就，但不知名的疾病，再加上英國地質調查所很快就回這個地區再次調查，遮蓋了拉普沃斯的光芒。的確，地質調查所在《自然》期刊上發表正式發現報告，並未提到拉普沃斯或他的研究成果。依據各種說法，拉普沃斯勝利後態度相當寬厚溫和，似乎也欣然接受這個新共識。他寫道：「以往的爭論焦點已經完全消失，以後沒有正當理由繼續爭執。我們的說法都對了一部分也錯了一部分。現在我們應該眞誠地微笑，握手當好朋友。」[37]

今天，這道通過蘇格蘭西北部的漫長斷層，稱爲穆瓦內逆衝斷層（**Moine Thrust**），是一道長達三百二十公里的龐大斷層線，從斯凱島到北部海岸的埃里波爾湖。在這道斷層上，大部分擾動區域寬約一公里，但在某些地方較大。我坐在巴爾納凱爾（**Balnakeil**）一座廢棄的小教堂，這裡是杜內斯西部邊緣的一小片房屋。我看著波浪輕輕打在淺黃色的沙

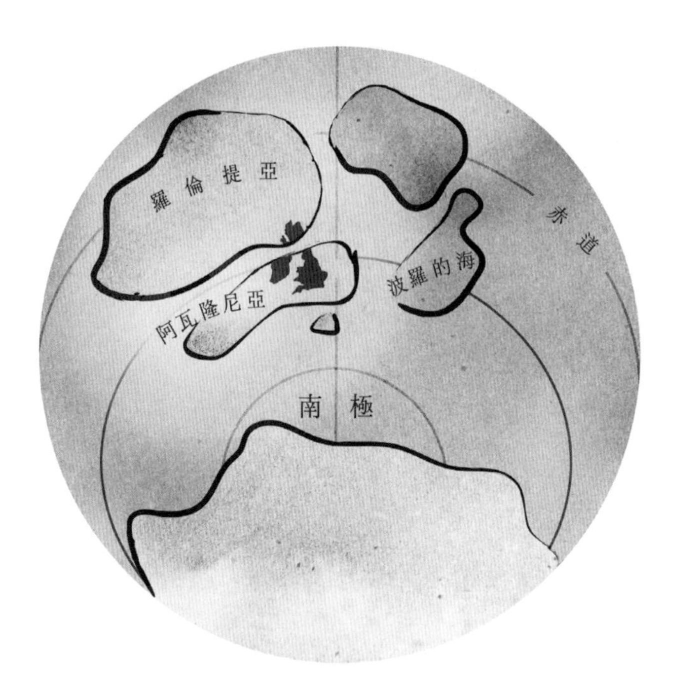

圖 10.8　大約四億三千萬年前的志留紀晚期，羅倫提亞和阿瓦隆尼亞沿巨神縫合帶融合。

子上，採蚵人在海水退後留下的淺潟湖上划著船。很難想像，逆衝斷層區在地底幾乎直接通過這片寧靜祥和的風景。在這裡，三葉蟲以及廣翅鱟目等已滅絕的節肢動物統治志留紀晚期的世界，地球的兩個板塊緩慢且勢不可擋地使岩石碰撞、熔化、摺疊、壓碎和斷裂。

其中之一是比較小的羅倫提亞（**Laurentia**），這個板塊包含目前所知的北美洲和不列顛群島北部。另一個板塊是阿瓦隆尼亞（**Avalonia**），這塊很小的微大陸包含英國南部和其他地區。這兩個板塊碰撞時，羅倫提亞的沿岸邊緣被擠入地殼，向西移動的阿瓦隆尼亞沿岸則向上抬升。地殼摺疊時，後來成爲蘇格蘭卡列多尼亞山的部分，高度抬升，與喜馬拉雅山相仿，因此較古老的岩石位於年代較晚的岩石上方。如此在三千萬年間，英國北部和南部逐漸結合在一起。因爲這個緣故，蘇格蘭北部石英岩和石灰岩中的海洋生物化石也出現在北美洲，但完全沒有出現在英國南部，而且路易斯片麻岩和加拿大與格陵蘭岩石相當類似。拉普沃斯當時不可能知道，但他發現了不列顛群島的誕生過程[38]。

拉普沃斯回到伯明罕，總算從不知名的疾病中慢慢復原。之後他致力於測繪什羅普郡和威爾斯雜砂岩的奧陶紀時期，同時持續指導對這個主題有興趣的學生，現在它已是地質學的主流。他似乎有種沉靜的魅力，而且和塞吉維克一樣是很有天分的演講者。一位學生回憶道：「他以一連串生動的圖片介紹地質事件的順序，講得非常精彩，聽眾經常忘記自己只是聽講，如身臨其境般。他們看到海岸線沉沒、沉積物累積、海洋征服陸地、珊瑚神奇的生長過程等等，彷彿演講者是畫家，曾經到過那些時代，他展示自己畫的畫，說：「它就是這樣，不會是其他樣子。」」[39]

拉普沃斯於一九二〇年去世，依照他的遺願，埋葬在伯明罕的洛吉山墓園，他和妻子及女兒的墳墓位於樺樹樹蔭下，簡單而不顯眼。他的墓碑上沒有提到他的重要成就，但時間沒有忘記他。他現在被公認爲英國及世界地質學史上的傑出人物。這位謙遜、溫和又寬厚的君子，終於解決了塞吉維克和莫奇森試圖破解的謎題。

CHAPTER 11

最後的謎團

寒武紀、奧陶紀和志留紀等各個時期確定之後，我們總算可以列出地球早期歷史及繪製地圖。但有個謎團還沒有解開。細心的觀察者指出，主要爲寒武紀砂岩的大片岩石，散布在威爾斯北部山丘和泥炭沼地中，這些塞吉維克所謂「有硬殼的古老岩石」，由奇怪又不尋常、而且大小不一的顆粒構成，包含沙子、碎石和泥沙，這點似乎違反正常的沉積過程。

砂石通常沉積在水底，原理非常簡單：水的活動越大，懸浮在水中的粒子也越大。因此溪流速度變慢時（想像河流流入海中的狀況），最大的粒子會先沉到底部，接著是越來越小的粒子，因此河床中的沙子和泥沙顆粒越來越小。換句話說，其中有個「篩選」過程，這個過程讓大小相仿的粒子同時沉入水底，碎石、沙子和泥沙，通常不會出現在同一層岩石中。但在威爾斯北部某些地方，確實有這樣的混合現象。

史諾登尼亞南部的萊諾格山，崎嶇的山峰和長滿石楠的峭壁，形成沒有樹木的荒野。在荒涼的泥炭沼高地中抓起一把深紅色的砂岩，可以看出它由許多大小不同的沙子、泥沙和岩石碎片構成，而且這些砂石並未經由一般沉積作用篩選沉積。多年以來，地質學家一直想知道這種狀況如何發生。拉普沃斯去世後將近半世紀，答案出現在大西洋的另一邊，而且狀況完全出乎意料。

一九二九年十一月十八日，芮氏規模七點二的大地震侵襲紐芬蘭外海的大淺灘（**Grand Banks**）漁場。遠在南邊數千公里的紐約市也感受到震動。十二公尺巨浪重擊加拿大海岸線，淹沒多個沿海聚落，造成數十人喪生。幾分鐘內，英國與北美洲間的跨大西洋電報電纜開始損壞，每次電報斷訊的時間點都被忠實地記錄下來。

後來幾個月，相關人員仔細檢視中斷時間點，發現一個奇怪的模式：斷訊順序和每條電纜與震央之間的距離沒有關係。損壞的電纜共有十二條，有些位於較淺的水域，與海岸平行，有些離海岸較遠。但紀錄顯示，有六條電纜最靠近海岸，也就是距離震央最遠，但反而最先損壞，而其餘六條電纜則由海岸朝震央方向逐步損壞。最後也最深的電纜，損壞的時間比第一條電纜晚十三小時十七分鐘[1]。

這個狀況似乎違反邏輯，原因成謎長達二十三年之久。最後有兩位美國海洋學家，在完全無關的另一項研究計畫中再度研究這些資料，謎底才終於解開。一九五二年，地質學家布魯斯．希森（Bruce Heezen）和地震專家莫瑞斯．尤恩（Maurice Ewing）測繪北美洲大西洋外海海床。他們和先前許多人一樣，深受海岸陸棚上一連串極深的裂縫（海底峽谷）吸引，它們看來和山坡上的一連串深谷十分神似。它們是怎麼形成的？最普遍的理論認爲，河流帶下不穩定的泥沙，堆積在較淺的沿海水域，規模越來越大，最後造成「山崩」，大量沙子和泥漿沖刷大陸棚，形成峽谷[2]。但沒有人能夠親眼目睹這類現象，所以最多只能算是猜測。

希森和尤恩四處尋找水底擾動的資料，後來再次研究大淺灘地震的紀錄。這件事相當出乎意料。他們觀察跨大西洋電纜令人費解的中斷順序，發現這個模式應該不是地震本身的直接影響，而是地震擾動海岸線附近淺海水域的不穩定泥沙堆，使海底泥沙和泥漿塌下海岸陸棚的結果。崩落的前端壓壞距離海岸最近的六條電纜，後來速度加快並持續崩落陸棚，造成更沉重的泥沙負荷，最後產生出海底峽谷，逐一壓壞距離海岸較遠的其餘六條電纜。這不只是電纜損壞模式的第一個合理解釋，也是第一個間接證明海底山崩可能確有其事的證據[3]。

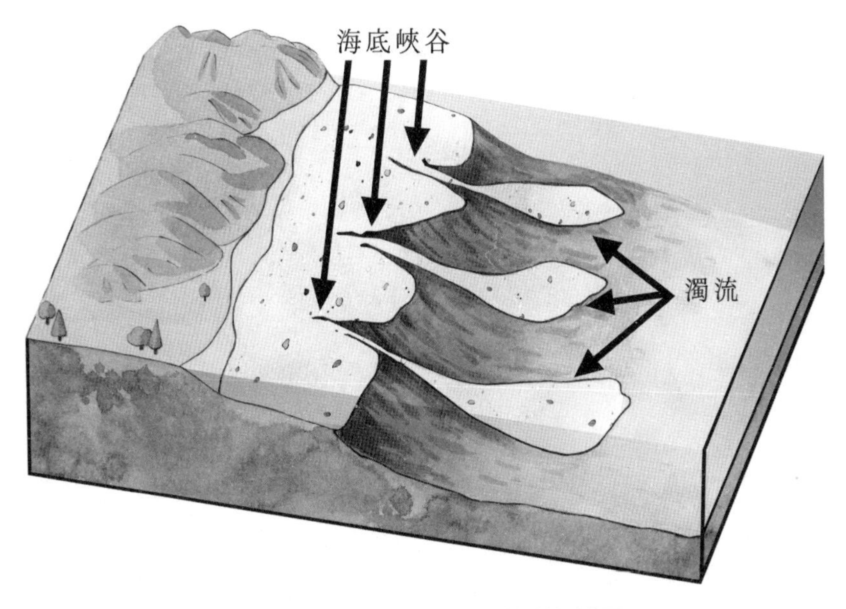

圖 11.1　海底峽谷構造和濁流性質解說圖。

這類「濁流」（turbidity current）或海底山崩，目前仍然沒有直接觀測證據，但以泥沙進行多次實驗室模擬結果指出，這類實驗放的綜合沉積物（成分爲砂岩的沙子、碎石、粗沙和泥沙等，有時沉積成粗糙的不規則層），和大淺灘等地點採取的岩芯樣本幾乎完全相同[4]。此外它的組成也十分類似萊諾格山等地點發現的神祕岩石。

這個觀察結果使地質學家斷定，大約四億年前的寒武紀、奧陶紀和志留紀期間，這些特別的岩石形成時，現今的威爾斯這一帶當時一定位於淺海陸棚。湍急的河流流過附近的陸塊，把大量沙子和泥沙帶到海中，形成濁流，快速流下海岸陸棚。它們停留在海床時，留下沙子、細沙和泥漿，形成現在的威爾斯雜砂岩。困擾地質學家超過一個世紀的神祕岩石，終於有了確定解釋。威爾斯雜砂岩最後的祕密似乎也已揭露。

要觀察這類山崩的結果，有個絕佳地點，位於威爾斯濱海小鎮亞伯里斯威爾（Aberystwyth）的北邊。這裡的一連串海岸懸崖，由數百層雜亂顯眼的泥漿和粗砂岩構成，倒塌落入愛爾蘭海中，形成鋸齒狀的不規則陸棚，看來像緊密排列的一層層板岩，或是一片上下顛倒的法式千層酥。

我寫完這本書時，再次造訪威爾斯和柏文山西側吉力格林那些長滿苔蘚的石灰岩柱。在威爾斯山區深沉的靜默中，只有頭頂禿鷲的叫聲劃破寂靜。我遙想起維多利亞時代那些知名的地質學家，他們曾在這些古老得難以想像的岩石上奮鬥不懈。

莫奇森對地質學造成的影響尤其長遠。他於一八七一年去世前，一直擔任英國地質調查所所長，運用他龐大的影響力，使他的地質命名屹立不搖。結果，威爾斯邊界小鎮的名稱和地質特徵，因此出現在世界各地的岩石上，尤其是志留系的拉德洛、溫洛克和藍多弗瑞這幾個系統。此外，在某些地層表中，還有奧陶系的卡拉多克世（Caradoc）[5]。爲了避免我們忘記他的名字，世界各地至少有十三個地質特徵以莫奇森命名，其中許多是英國殖民後遺留下來的。這些名稱包括四座莫奇森山：一座在紐西蘭（紐西蘭還有一個鎮以他命名）、一座在澳洲塔斯馬尼亞、一座在加拿大，另一座在南極。格陵蘭、紐西蘭和南非各有一座莫奇森山脈，南非還有個礦業小鎮也叫莫奇森。烏干達白尼羅河（White Nile）上游有莫奇森瀑布。澳洲西部有莫奇森河。加拿大卑詩省北部太平洋岸外海有個小小的莫奇森島。此外，月球上還有莫奇森隕石坑。西伯利亞的彼爾姆市有莫奇森紀念館，紀念他於一八四二年以這個城市命名二疊紀。本寧山的市集城鎮巴納德堡（Barnard Castle）一棟漂亮的連排房屋上有一面藍色牌子，告訴遊客，莫奇森離開軍隊後不久，曾經在一八一八到一八二二年住在這個鎮上。

不過，一八七一年莫奇森去世後的幾年，當時的人對他的評價可沒那麼好。《愛丁堡評論》（*Edinburgh Review*）評論阿奇伯爾德厚達兩冊的莫奇森傳記時寫道：「在我們看來，莫奇森不是他那個時代最傑出的地質學家，而是最成功的地質學家……他的科學成就並非出自超越常人的天賦，而是出自不服輸的勤奮和幾近商業經營的方法。」[6] 調查員（後來成爲學者）朱克斯寫得更辛辣：「羅德里克爵士不是擅長觀察鄉間的人，只是具有獨到觀察力的騙子，他什麼都不懂。」[7]

相比之下，塞吉維克的命名已經從世界地質圖上消失，但當時的人仍然認爲他是比較具原創性和重要性的科學家。《愛丁堡評論》表達哀悼時指出：「這位有天賦的科學家在競爭中敗給務實而有條理的人，一如經常可見的狀況。塞吉維克感到他多年的辛苦研究完全沒有回報，他的朋友卻輕易地在地質學界取得勝利，一定十分難受。」朱克斯更進一步說塞吉維克是「傑出的獨創觀察者和重視邏輯的推理者」，擁有「天賜的才華」。

塞吉維克的名字留存在劍橋的塞吉維克地球科學博物館，以及劍橋大學的地質學社團塞吉維克學會（Sedgwick Society），這個學會據說是世界上最古老的，由學生負責運作地質學會。塞吉維克去世後不久，位於約克郡本寧山中的家鄉丹特村建造龐大的花崗岩噴泉紀念他，這座噴泉目前仍然位於市場中。一九八五年，約克郡的戴爾斯國家公園鋪設數公里長的塞吉維克地質步道，通往丹特村北方，紀念他誕生兩百週年。

這條步道沿著有許多岩石的克拉夫河（River Clough）河谷行進，湍急的溪流沖刷下方露出的地層，可以觀察到丹特斷層（Dent Fault）的線條。這條斷層線通過下方的岩石。三億五千萬年前的石炭紀初期，地球板塊移動，大陸彼此碰撞，湖區的志留紀岩石向上抬升，因此現在和約克郡戴爾斯年代較晚的石炭紀石灰岩並列在一起。塞吉維克曾經努力研究這條斷層線，但一直不完全了解它的重要程度。

本書三位主角中，最不為人所知、最應當被歌頌的，是傑出的拉普沃斯。唯一以他命名的地質特徵，是什羅普郡北部塞文河上一處早已消失的冰蝕湖，稱為拉普沃斯湖（Lake Lapworth）。這座湖現在只剩下什羅普郡平原上的一連串冰河碎石。除了伯明罕大學的拉普沃斯地質學講座教授職位之外，紀念他的只有這所大學的拉普沃斯地質學博物館。在博物館中，有個無窗戶的大型儲藏室裡擺著一排排架子，他的筆記本、地圖和信件還在等待某位傳記作者細心耙梳，讓世人知曉他的傑出成就。

五十年間，這三位主角對於吉力格林令人疑惑的石灰岩，各自論述了屬於自己的獨創見解。這個爭議，其實又是另一項更大爭議的縮影，展現新興地質科學最大的優點和缺點，同時讓我們逐漸了解地球近五億年的歷史。在這五億年間，我們所知的生物開始出現在地球上。

我踩著厚厚的落葉吃力地前進，落葉在夏天的豔陽下變得乾枯捲曲，我拿起一小塊看來十分平常的石頭：暗沉的灰色、沒什麼突出的特徵。我把它收起來，用來紀念這個特別的故事。一位歷史學家曾經說它是「地球科學史上最活力充沛和充滿創新的時期」。[8]塞吉維克、莫奇森和拉普沃斯投注許多心力，破解雜砂岩之謎，告訴我們如何從現在了解過去。他們寫下地球的故事，讓我們知道，地球比我們以往所想的更雄偉、更奇特。他們帶領地質科學走出萌芽期，進入荒涼沒有人煙的鄉間，這裡才是真正蘊含奇遇和發現的地方。

致謝

如果沒有這四本具啟發性、內容又豐富的相關書籍，我不可能完成這本書：**James Secord**的《維多利亞時代的地質學爭議：寒武紀——志留紀問題》（*Controversy in Victorian Geology: The Cambrian–Silurian Dispute, Princeton University Press, 1986*）、**Martin Rudwick**的《泥盆紀大爭議》（*The Great Devonian Controversy*）、**Michael Collie**和**John Diemer**的《莫奇森的俄國行腳》（*Murchison's Wanderings in Russia*）和**David Oldroyd**的《高地爭議》（*The Highland Controversy*）。我從這幾本書獲益良多。此外，**Jim Secord**的支持和協助可謂不遺餘力，出借一大箱研究筆記，提供未出版的資料，並且試讀本書許多章節及給予許多意見。**Martin Rudwick**和**John Diemer**試讀過一些章節，提供寶貴的建議。**Beryl Hamilton**曾經撰寫許多關於查爾斯．拉普沃斯的作品，也提供許多研究筆記給我參考。

我不是岩石方面的專家，但我接觸過的地質學家幾乎都非常大方地樂於提供時間和專業知識。**Hugh Torrens**非常嫻熟於英格蘭與威爾斯邊界岩石考察的歷史，其他方面當然也不在話下，不僅提供建議和鼓勵，更重要的是介紹我認識地質學家**Geoff Townson**。**Townson**花費許多時間告訴我關於英格蘭沉積岩的知識，也提供評論和建議，在此深表感謝。他提出的意見都非常好，只可惜有些資料未能納入書中。

我和**Colin Humphrey**通信時間相當長，收穫也極大。他先前與中威爾斯地質俱樂部有關，也提供許多協助和意見。同一俱樂部的**Charlie Bendall**提供了關於巴拉石灰岩的資料。什羅普郡地質學會的**Mike Rosenbaum**和**Robert Williams**，告訴我關於這個地區地質探索的故事。**Duncan Hawley**提供威爾斯南部雜砂岩與老紅砂岩界線，以及莫奇森在威河河谷發現類似界線的詳細筆記。

伯明罕拉普沃斯地質博物館館長**Jon Clatworthy**，爲我介紹這所博物館龐大的拉普沃斯相關收藏。倫敦地質學會檔案管理專員**Caroline Lam**，開放學會豐富的莫奇森相關收藏。劍橋大學塞吉維克博物館檔案管理專員**Sandra Freshney**，提供細心保存的塞吉維克筆記本，非常感謝以上幾位。

此外我還要感謝拉德洛博物館資源服務部門的Daniel Lockett，提供關於當地地質和莫奇森前往拉德洛及考察周圍岩石行程的資料。普利茅斯大學的Kevin Page，協助尋找塞吉維克和莫奇森在德文郡及康瓦爾可能造訪過的地點。格洛斯特郡Geo Studies的Dave Green，提供關於梅伊山地質的看法。

我在「地質史」網站貼出公告之後，收到美國的亞瑟．莫奇森先生的電子郵件，完全出乎我的意料。亞瑟可能是羅德里克．莫奇森的遠親，相當熟悉他的軍旅生涯。我們以電子郵件聯絡，讓我藉此了解深深影響莫奇森世界觀的軍中文化，並且意想不到地得知塞吉維克在劍橋也是相當活躍的資深訓導員和道德維護者。

Andrey Kurochkin製作精美的地圖和圖表。Kathy Henderson和Al Kerr試讀多個版本的內文，指出明顯的錯誤及提出改進建議。Jonathan Wilkins和Douglas Palmer也幫了許多忙。Mandy Greenfield潤飾文字的功力十分了得。我非常感謝以上的每一位。最後，我和Ruthie Petrie談過之後，決定和Profile Books合作。此外，Profile編輯Ed Lake的協助和建議，使這本書更臻完美。

名詞解釋

背斜／向斜（Anticline / Syncline）
背斜是岩層抬升後形成穹丘，向斜則是岩層向下摺後形成凹陷或地槽。

片麻岩、片岩（Gneiss, schist）
外觀看來相當類似的兩種變質岩。高熱和高壓使岩石中的礦物排列成特別的岩層。片岩的顆粒比片麻岩粗。

雜砂岩（Greywacke）
又稱為「過渡岩」，原本是維多利亞時代統稱歐洲各地未測繪的古代岩石。這些地區包括英國的威爾斯大部分地區、蘇格蘭、湖區和英格蘭西南部（West Country）等。這個名詞現在指的是由各種大小顆粒組成的砂岩。

石膏（Gypsum）
鈣與硫酸鹽濃度高的水蒸發後形成的結晶岩，這個過程類似於海水蒸發形成鹽田。

火成岩（Igneous rock）
岩漿或火山熔岩冷卻結晶後，在地球表面或地殼內部形成的岩石，例如花崗岩、玄武岩和浮石。

鎂質石灰岩（Magnesian Limestone）
石灰岩中的碳酸鈣被碳酸鎂提高或取代而形成的岩石，確實過程目前仍不清楚。

變質，變質作用（Metamorphic, metamorphism）

岩石在高熱或高壓下變成另一種岩石，通常由非結晶變成結晶。冷卻速率越慢，晶體越大，例如石英岩、片麻岩和片岩。

糜嶺岩（Mylonite）

變質岩中的顆粒在地殼劇烈活動下被壓碎及拉長，因此外觀有條紋或斑點。

玢岩（Porphyry）

維多利亞時代對結晶岩或火成岩的說法，現在用來稱呼位於小晶體岩床中的大晶體。

石英岩（Quartzite）

含有大量石英的堅硬砂岩在高熱高壓下變成結晶岩。

沉積（Sedimentary rock）

沉澱下來的石頭，通常位於水底。常見的沉積岩包括白堊、石灰岩、砂岩和泥岩。

頁岩（Shale）

顆粒細小的泥漿與石灰岩沉積混合物。

走向／傾角（Strike / Dip）

用於描述地層線的角度與方向。走向是地層的方向，可能朝北、朝東、朝南或朝西。傾角是地層相對於水平方向的角度。

3 B. C. Heezen and M. Ewing, 'Turbidity currents and submarine slumps, and the 1929 Grand Banks [Newfoundland] earthquake', *American Journal of Science*, 1952, Vol. 250, p. 849.

4 這類深水中的卵石狀含砂岩石現在稱為濁流岩（Turbidite）。

5 參見如Peter Toghill, T*he Geology of Britain, Shrewsbury*, Airlife Publishing, 2002, p. 16.

6 *Edinburgh Review*, 27 May 1867, CUL, MS add. 7652/v/f.1.

7 同上

8 Rudwick, *The New Science of Geology*. In Varium Collected Studies Series, Farnham, Ashgate, Ch. XI, p. 243.

圖片來源

1.2 三十多歲時在劍橋的塞吉維克，時間約為一八二〇年代。劍橋大學塞吉維克地球科學博物館同意複製。

2.1 一八三六年，莫奇森四十歲出頭時的畫像 © The Trustees of the British Museum.

5.1 一八一九年，亨利・德・拉・貝什二十三歲時 © Department of Geology at the National Museum of Wales.

5.2 貝什的德文郡截面圖 (A) 與塞吉維克和莫奇森的截面圖 (B) 兩者對比，摘錄自Martin Rudwick著作《泥盆紀爭議》

6.2 從烏拉爾山「窺視西伯利亞」，《歐洲俄羅斯與烏拉爾山脈地質》，一八四五年莫奇森著，British Geological Survey cP20/076同意複製。

6.3 俄羅斯大草原，接近地平線處是奧倫堡。《歐洲俄羅斯與烏拉爾山脈地質》，一八五四年莫奇森著，British Geological Survey cP20/076同意複製。

7.2 塞吉維克一八五二年的擴展寒武系，摘自《維多利亞時代的地質學爭議: 寒武-志留紀之爭》，塞科德著

8.1 塞吉維克一八五二年的擴展寒武系，摘自論文〈Cambria versus Siluria: a Dispute over the emerging Geology of Wales〉，Colin Humphrey著。

9.5 詹姆斯・尼可爾晚年肖像，Live Borders提供，Scottish Borders council收藏。

10.1 筆石留下的印記奇特並且模糊不清。伯明翰大學拉普沃斯地質博物館同意複製。

10.6 拉普沃斯所繪的蘇格蘭北部海岸圖。伯明翰大學拉普沃斯地質博物館同意複製。

maccullochi）的殘骸，現在稱為薩氏小殼化石（Salterella）粗砂層。

25 Lapworth, 'The Secrets of the Highlands', p. 124.

26 現在要仔細觀察這個通過這個地區的岩石截面，最佳地點在偏西一點，位於阿辛特的諾坎克拉格（Knockan Crag）。在這裡，構成蘇格蘭北部岩石的八個地層相當清晰可見。

27 一八八二年九月拉普沃斯致朋友湯瑪斯・邦尼（Thomas Bonney）的信件。邦尼也曾經當過教師，從業餘地質學愛好者成為倫敦大學學院地質學教授，也是英國地質學會的重要成員。

28 觀察糜嶺岩的最佳地點之一位於桑戈貝格灣（Sangobeg Bay）附近，杜內斯到艾瑞波爾之間的海岸公路上。這裡矗立在沙灘的陡峭沙壩底下，深色岩石露頭中有清晰可見的細小淺色條紋，看來像一連串的紋層。

29 演講日期為一八八三年三月。

30 均引用自Sir Jethro Teall，出自Watts, 'Obituary Notice of Charles Lapworth'.

31 Watts, *The Geological Work of Charles Lapworth*, p. 41.

32 一八八二年九月二十日約翰・裘德致拉普沃斯的信件，Lapworth archive, catalogue no. A4.

33 Sir Jethro Teall, 引用自Watts, 'Obituary Notice of Charles Lapworth'.

34 參見Oldroyd, *The Highland Controversy*, pp. 250–51的相關討論。

35 Watts, *The Geological Work of Charles Lapworth*, p. 43.

36 Archibald Geikie, *Textbook of Geology*, first published in 1880.

37 Watts, *The Geological Work of Charles Lapworth*, p. 24.

38 兩個板塊最終連結的點稱為巨神縫合帶（Iapetus Suture）。這個縫合帶大致走向穆瓦內逆斷層以南，從西邊的索爾威河口灣到蘇格蘭東部海岸的聖艾伯岬角，位於愛丁堡以南，接近詹姆斯・赫頓位於西卡角（Siccar Point）著名的不整合面以南。

39 Watts, *The Geological Work of Charles Lapworth*, p. 41.

第十一章｜最後的謎團

1 電纜的確實數目有點出入。大多數報導說有十二條電纜，但哥倫比亞大學的布魯斯・希森（Bruce Heezen）二十三年後調查這次地震時則指出有十三條電纜。

2 首先猜測有海底山崩現象的是加拿大地質學家雷金納德・戴利（Reginald Daly），一九二〇年代初期任職於哈佛大學。

10 拉普沃斯的'The Silurian age in Scotland'，第二講，p. 6，引用自Oldroyd, Earth, Water, Ice and Fire, p. 226.

11 Charles Lapworth, 'The Moffat Series', *Quarterly Journal of the Geological Society of London*, 1878, Vol. 34, pp. 240–346.

12 Hawkes, *A Land*, p. 49.

13 Charles Lapworth, *Review of Memoirs of the Geological Survey of the United Kingdom,- The Silurian Rocks of Britain*, Vol. 1: Scotland, 1899, in the *Geological Magazine*, Decade 4, V. 6, pp. 472–79 and 510–20, 引用自Beryl Hamilton, 'Classic Paper in the History of Geology', p. 200.

14 實際狀況稍微複雜一點。為了避開梅伊山砂岩造成的問題，莫奇森於一八五六年在下志留紀中加入第三區，稱之為「下藍多弗瑞」。但這個細節並未改變整個狀況。

15 William W. Watts, 'Obituary Notice of Charles Lapworth', *Proceedings of the Royal Society*, B, Vol. 92, 1921.

16 引用自Beryl Hamilton, 'Classic Paper in the History of Geology', p. 198.

17 Charles Lapworth, 'On the tripartite classification of the Lower Palaeozoic rocks', 1879, 引用自Watts, *The Geological Work of Charles Lapworth*.

18 有人指出南半球可能曾經出現極度嚴重的冰河期，造成海平面降低、羊流改變和氣候變遷。

19 蓋奇仍然擔任英國地質調查所所長時，該所拒絕承認拉普沃斯的奧陶系。直到一九〇二年J. J. H. Teall繼任後，該所才承認拉普沃斯的奧陶紀。國際地質科學聯盟（IUGS）成立於一九六一年，負責地質學領域的國際合作事務，目前成員包含一百二十一個國家和地區。

20 摘自一八九三年二月六日致《每日紀事報》（*Daily Chronicle*）的匿名信，署名僅有「一位田野博物學家」。

21 Hawkes, *A Land*, p. 54.

22 Oldroyd, *Earth, Water, Ice and Fire*, p. 240.

23 Charles Lapworth, 'The Secrets of the Highlands', *The Geological Magazine*, Vol.10, Issue 8, August 1883, p. 125.

24 這些類別可再細分成兩類：一層橙色細砂和泥，其中包含一些印記，以往認為是墨角藻（fucoid），但現在認為是一種早已滅絕的蟲留下的痕跡。這一層現在稱為墨角藻層（Fucoid Bed）。另一層粗砂岩含有古代薩氏小殼．馬庫洛奇種（*Salterella*

36 一八五九年一月二十日。

37 Clark and Hughes, *The Life and Letters of the Reverend Adam Sedgwick*, Vol. 2, p. 373.

38 一八六二年致Robert Baines Armstrong的信件，Manuscript Cumbria County Archive, Kendal,引用自Speakman, *Adam Sedgwick – Geologist and Dalesman*, p. 83.

39 1869, GSL: M/S, Last correspondence file.

40 Geikie, *Life of Sir Roderick Murchison*, Vol. 2, p. 314.

41 一八六二年七月二日莫奇森致威廉・惠威爾的信件，Add. me.a. 213, Trinity College.

42 Clark and Hughes, *The Life and Letters of the Reverend Adam Sedgwick*, Vol. 2, p. 488.

43 同上, Vol. 2, pp. 441–2.

44 Geikie, *Life of Sir Roderick Murchison*, Vol. 2, p. 344.

45 同上, Vol. 2, p. 55.

第十章｜失落的關鍵：發現奧陶紀

1 參見Secord, *Controversy in Victorian Geology*, p. 307. 華爾特・史考特住在距離Galashiels約三公里的Abbotsford，直到一八三二年去世。

2 感謝Beryl Hamilton提供她研究拉普沃斯的筆記給我參考，並且寫到拉普沃斯和愛丁堡地質學家David Page和Henry Alleyne Nicholson的友誼。

3 引用自Oldroyd, Earth, *Water, Ice and Fire*, p. 221.另參見Archibald Geikie, *Explanation of Sheet 34: The Geology of Eastern Berwickshire*, HMSO, 1863, p. 8. 蓋奇於一八六七年被任命為剛成立的英國地質調查所蘇格蘭分所所長。

4 蓋奇寫到一位地質學家在朗霍普（Longhope）山脈南端的隧道口被輾成兩段。Geikie, *Life of Sir Roderick Murchison*, Vol. 2, p. 151.

5 引用自Beryl Hamilton, 'Classic Paper in the history of Geology: Charles Lapworth's "The Moffat Series", 1878', *Episodes*, Vol. 24, No. 3, September 2001, pp. 194–200.

6 Charles Lapworth and James Wilson, 'On the Silurian rocks of the counties of Roxborough and Selkirk', *Geological Magazine*, 1871, Decade 1, v. 8, pp. 456–64.

7 這個故事出自拉普沃斯的孫女派翠西亞和貝蘿・漢彌爾頓的對話。細節出自拉普沃斯一八七九年的某場演講，地點可能是格拉斯哥地質學會。

8 它的拼字隨時間改變，現在通常寫成Dob's Linn。

9 出自William W. Watts, *The Geological Work of Charles Lapworth*, Special Supplement to Vol. XIV of Proc. of Birmingham Nat. Hist. and Phil. Soc., 1921.

16 其中最有名的是諾坎險崖（Knockan Crag），一道醒目的懸崖通過阿辛特的沼澤，清楚地呈現出一連串地層。

17 參見刊登在《自然》期刊上的訃告，1879, Vol. 19, p. 590; https://www.nature.com/articles/019590a0

18 其中有些化石的歸類沒有那麼明確，包括腹足動物euamphalus和鸚鵡螺直角石（orthoceras）。這兩種化石都不僅限於泥盆紀。

19 他在Inchnadamph畫了旅館後方山丘的截面，以這個山丘命名為卓伊恩截面（Cnoc an Droighinn cross-section）。在艾瑞波爾，他畫了湖東岸艾瑞波爾旅館旁山丘的截面。

20 British Association Conference, Leeds, 1858.

21 尼可爾在布魯姆湖（Loch Broom）和烏拉波爾東邊的阿克爾湖（Loch Achall）這些地方看到的格外明顯。

22 這種紅色晶體的名稱中庸又不具爭議，稱為洛根岩（Logan Rock）。這個名稱源自高地南部的洛根湖（Loch Logan），那裡也曾經發現這種岩石。

23 貝什於一八五五年去世，享年五十九歲。

24 後來蓋奇在莫奇森不會聽到的地方提到，莫奇森「證明了他實在不適合公開演講」。參見Collie and Diemer, *Murchison in Moray*.

25 均引用自Oldroyd, *The Highland Controversy*, pp. 87–8.

26 一八六五年一月十六日莫奇森致蓋奇的信件，引用自同上, p. 145.

27 一八六一年一月十日莫奇森致羅伯特·哈克尼斯的信件，Murchison to robert harkness, 10 January 1861, cUL, MS add. 7652/iv/B24.

28 參見刊登於一八七九年四月二十四日《自然》期刊的訃聞，Vol. 19, p. 590; https://www.nature.com/articles/019590a0

29 James Nicol, *The Geology and Scenery of the North of Scotland*, Edinburgh, Oliver and Boyd, 1866.尼可爾的附錄引用了他在愛丁堡皇家學會的兩次演講內容。

30 *Nature*, 24 April 1879, Vol. 19, p. 590; https://www.nature.com/articles/019590a0

31 一八五六年威廉·艾弗瑞（William Avery）致拉姆齊的信件，Imperial College KGA/ramsey/7/69; 引用自Secord, *Controversy in Victorian Geology*, p. 257.

32 一八五六年拉姆齊致艾弗林的信件, GSM 1/420(a).

33 Clark and Hughes, *The Life and Letters of the Reverend Adam Sedgwick*, Vol. 2, p. 285.

34 同上, p. 490.

35 Secord, *Controversy in Victorian Geology*, p. 270.

53 引用自Secord未出版的‘A Romance of the Field’.

54 British Geological Survey Archive, Geological Survey Material (GSM), 1/420(a).

第九章｜高地爭議：蘇格蘭的志留紀

1 Geikie, *Life of Sir Roderick Murchison*, Vol. 2, p. 203.

2 高地清理開始於十八世紀晚期，蘇格蘭地主發現飼養Cheviot羊賺到的錢比向佃農收到的地租更多。數萬名佃農和家庭被趕出田地，手段通常殘酷。參見John Prebble, *The Highland Clearances*, Penguin, 1963.

3 Geikie, *Life of Sir Roderick Murchison*, Vol. 2, p. 650.

4 引用自David R. Oldroyd, *The Highland Controversy*, Chicago, University of Chicago Press, 1990, p. 42.蓋奇在他的莫奇森傳記中紀錄，尼可爾能「藉由化石證明蘇格蘭南部出現明顯是蘭代羅和卡拉多克的地層。這是在英國擴展志留紀範圍的過程中相當重要的一步。」Geikie, *Life of Sir Roderick Murchison*, Vol. 2, p. 116.

5 變質作用是高溫和高壓改變岩石組成的過程。岩石中的礦物重新結晶，形成新礦物，形狀和方向也可能改變。

6 尤其是東邊的砂岩含有代表泥盆紀老紅砂岩的全褶魚。

7 石英岩是含有大量石英的砂岩在變質作用下成為結晶結構。片岩和片麻岩也是變質作用的典型範例。強大的壓力使礦物排列成一連串不同色彩的層次，肉眼看來十分清晰。

8 據說「阿辛特」（Assynt）這個單字在挪威文中的意思是「岩石山脈」，讓我們想到維京人曾經於一千年前來到這裡。

9 Geikie, *Life of Sir Roderick Murchison*, Vol. 2, p. 204.

10 James Boswell, *The Journal of a Tour to the Hebrides with Samuel Johnson*, LL.D, first published in 1785.

11 Adam Sedgwick and Frederick Mccoy, ‘Synopsis of British Palaeozoic Fossils’, reprinted by cambridge University Press, 2020.

12 Geikie, *Life of Sir Roderick Murchison*, Vol. 2, p. 206.

13 Clark and Hughes, *The Life and Letters of the Reverend Adam Sedgwick*, Vol. 2, p. 304.

14 Geikie, *Life of Sir Roderick Murchison*, Vol. 2, p. 205.

15 James Nicol, *A Guide to the Geology of Scotland*, Edinburgh, 1844.

32 Cambridge University Library (cUL), MS add. 7652/ii/X.87.

33 Clark和Hughes寫道：「我們相信他後來沒有再參加過倫敦地質學會的會議。」Clark and Hughes, *The Life and Letters of the Reverend Adam Sedgwick*, Vol. 2, p. 262.

34 同上, Vol. 2, p. 279.

35 Secord, *Controversy in Victorian Geology*, p. 262.

36 The Athenaeum, October 1854, No. 1407, pp. 1243–4.

37 Secord, *Controversy in Victorian Geology*, pp. 261–8.

38 Leonard horner to Murchison, 18 November 1855, GSL, Murchison mss.

39 Secord, *Controversy in Victorian Geology*, p. 262.

40 最典型的例子是他一再提到他一八三二年在威河河谷初次發現雜砂岩岩層。參見本書第二章。

41 一八三七年，莫奇森準備討論當時仍具爭議性的德文郡和康瓦爾岩石問題，塞吉維克答應提供筆記給莫奇森以便支持。但塞吉維克最後沒有提供，窘困的莫奇森只能蒙混過關。莫奇森一再提供《志留系》的部分內容給塞吉維克，尋求他的意見，但塞吉維克毫無回應。一八五〇年代，塞吉維克仍然沒有寫出《寒武系》的完整內容。

42 一八四八年三月塞吉維克致朱克斯的信件，*Letters and Extracts from the Addresses and Occasional Writings of J. Beete Jukes.*

43 Clark and Hughes, *The Life and Letters of the Reverend Adam Sedgwick*, Vol. 2, p. 217. 另參見Secord, *Controversy in Victorian Geology*, p. 264.

44 同上, p. 264.

45 想了解塞吉維克溫暖的一面，請參見他在一八五〇年代寫給姪女伊莎貝拉・赫歇爾和芬妮・希克斯，以及給侄子理查的妻子瑪麗・塞吉維克的信件。*Clark and Hughes, The Life and Letters of the Reverend Adam Sedgwick*, Vol. 2, ch. 4.

46 Robert Burns, 'Despondency: an ode', 1786.

47 Clark and Hughes, *The Life and Letters of the Reverend Adam Sedgwick*, Vol. 2, p. 106.

48 一八五三年～五四年冬天致朋友約翰・赫歇爾爵士（John Herschel），引用自Clark and Hughes, *The Life and Letters of the Reverend Adam Sedgwick*, Vol. 2, p. 268.

49 Secord, *Controversy in Victorian Geology*, p. 221.

50 Geikie, *Life of Sir Roderick Murchison*, Vol. 2, p. 159.

51 *Dublin University Magazine*, Vol. 44 (august 1854), pp. 226–40.

52 Geikie, *Life of Sir Roderick Murchison*, Vol. 2, p. 169.

地質信託基金負責管理，其中包含目前稱為晚奧陶紀岩石的岩層。但它與年代較早的志留紀岩石間的接觸點無法看見，當地專家也無法證實塞吉維克發現這個不整合的可能地點。感謝格洛斯特郡地質研究所的Dave Green提供這項資料。

12 一八四〇年代，雷克斯漢姆的退休銀行人員約翰．包曼考察柏文山北側山坡的石灰岩層，指出從古生物狀況看來，當時判定為卡拉多克時期的岩石和巴拉岩無法分辨。次年，另一位「業餘」地質學者丹尼爾．夏爾普針對位於Dinas Mawddwy附近迪菲河河谷中的柏文山南側山坡提出類似的結論。

13 Secord, *Controversy in Victorian Geology*, p. 246.

14 同上, pp. 246–7.

15 同上, p. 246.

16 Clark and Hughes, T*he Life and Letters of the Reverend Adam Sedgwick*, Vol. 2, p. 231.

17 同上, p. 231.

18 Secord, *Controversy in Victorian Geology*, p. 253.

19 塞科德寫道，肯達爾的湯瑪斯．高齊、羅塞斯頓的山繆．派帝森、湯頓的約翰．普齡和李斯克爾德的約翰．吉爾斯全都寫了措辭強烈的信支持塞吉維克，但依據吉爾斯的觀察，這些人都是「小人物」。同上, p. 254.

20 貝什於1848年獲頒騎士頭銜.

21 Secord, *Controversy in Victorian Geology*, p. 251.

22 Andrew crombie ramsey, *Proceedings of the Geological Society*, May 1904, Vol. 60, 引用自 Secord, *Controversy in Victorian Geology*, p. 248.

23 William aveline and John Salter, *Proceedings of the Geological Society*, June 1853.

24 Clark and Hughes, *The Life and Letters of the Reverend Adam Sedgwick*, Vol. 2, p. 283.

25 這兩個地層的名稱經常改變，現在稱為卡拉多克和艾西吉爾（Ashgill）。

26 Secord, *Controversy in Victorian Geology*, p. 250.

27 Geikie, *Life of Sir Roderick Murchison*, Vol. 2, p. 155.

28 一八五三年十月塞吉維克致莫奇森的信件，引用自Clark and Hughes, *The Life and Letters of the Reverend Adam Sedgwick*, Vol. 2, p. 251.

29 Joseph Beete Jukes, 'Annual address to the Geological Society of Dublin', 8 February 1854, *Journal of the Geological Society of Dublin*, Vol. vi (1853–4), pp. 61–108.

30 'On the May hill sandstones and the Palaeozoic System of england', Spring 1854.

31 Secord, *Controversy in Victorian Geology*, p. 267.

Roderick Murchison, Vol. 2, p. 142.

75 同上, Vol. 1, p. 359.

76 Secord, *Controversy in Victorian Geology*, p. 226.

77 致塞吉維克的信件，引用自Clark and Hughes, T*he Life and Letters of the Reverend Adam Sedgwick*, Vol. 2, p. 218.

78 一八五六年塞吉維克致彼特．朱克斯的信件，引用自Secord, *Controversy in Victorian Geology*, p. 226.

79 同上, p. 170.

80 同上, p. 239.

81 同上, p. 239.

82 引用自Rudwick, *The Great Devonian Controversy*.

第八章｜從合作到競爭

1 倫敦地質學會前秘書及會長Leonard Horner致莫奇森的信件，引用自Secord, *Controversy in Victorian Geology*, p. 232.

2 Geikie, *Life of Sir Roderick Murchison*, Vol. 2, p. 141.

3 Clark and Hughes, *The Life and Letters of the Reverend Adam Sedgwick*, Vol. 2, p. 216.

4 同上, Vol. 2, p. 217.

5 同上, Vol. 2, p. 194.

6 巴拉組包含布西櫛蟲這類三葉蟲和腕足動物法貝盧倫正形貝等化石。第二組包含腕足動物*Pentamerus oblongus*等生物，這種生物在莫奇森的上志留紀溫洛克岩層中相當常見。溫洛克岩層有時稱為「政府岩」，因為其中的箭頭形狀很像一九六〇年代前英國戰爭部的標誌。感謝Colin Humphey提供這項資訊。

7 大學委員會於一八五〇年依據英國國會法案設立，功能是調查牛津大學和劍橋大學的章程和收入。

8 參見*The University of Cambridge: The age of reforms (1800–82)*, Vol. 3: Cambridge and the Isle of Ely, London, victoria county history, 1959, pp. 235–65.

9 Clark and Hughes, *The Life and Letters of the Reverend Adam Sedgwick*, Vol. 2, p. 220.

10 梅斯菲爾於一八七八年出生於附近的萊德伯瑞。

11 當時的證據指出，這裡應該接近韓特利山採石場。這個地質保留區目前由格洛斯特郡

'Scientific ancestry and historiography', *Journal of the Geological Society*, Vol. 147, 1990.

55 Geikie, *Life of Sir Roderick Murchison*, Vol. 1, p. 403.

56 參見如Rudwick, *The Great Devonian Controversy*, ch. 7.

57 Secord, *Controversy in Victorian Geology*, p. 133.

58 同上, p. 147.

59 同上

60 將近十年來，不被視為全職菁英份子的業餘地質學愛好者，一直在努力探索巴拉和卡拉多克地層，也斷定這兩者可能相同，但沒有人認真看待。其中的丹尼爾・夏爾普（Daniel Sharpe）一再前往柏文山進行田野研究，但倫敦地質學會的會士對他相當不滿，認為他的田野工作侵犯了塞吉維克的領土。這個行為被視為不符合紳士規範，甚至是「科學冒犯」。當時一位歷史家曾說，這樣的行為「對地方業餘人士和地質學界專家之間微妙平衡的家長式交流系統造成威脅」。以夏爾普的名字創造的雙關語「夏爾普會士」、「夏爾普行動」，「對我們而言太夏爾普」等，當時也相當盛行。引用自Secord, *Controversy in Victorian Geology*, p. 163.

61 Clark and Hughes, *The Life and Letters of the Reverend Adam Sedgwick*, Vol. 2, p. 215.

62 Secord, *Controversy in Victorian Geology,* p. 215.

63 這篇論文的題目是〈論英格蘭與威爾斯下古生代岩石之分類與命名〉（On the classification and Nomenclature of the Lower Palaeozoic Rocks of England and Wales），25 February 1852.

64 Clark and Hughes, *The Life and Letters of the Reverend Adam Sedgwick*, Vol. 2, p. 215.

65 Secord, *Controversy in Victorian Geology*, p. 218.

66 同上, p. 220.

67 吉迪翁・曼特爾致班哲明・希利曼的信件，引用自Secord, *Controversy in Victorian Geology*, p. 215.

68 Clark and Hughes, *The Life and Letters of the Reverend Adam Sedgwick*, Vol. 2, p. 215.

69 Geikie, *Life of Sir Roderick Murchison*, Vol. 2, p. 140.

70 Secord, *Controversy in Victorian Geology*, p. 184.

71 同上, p. 223.

72 Clark and Hughes, *The Life and Letters of the Reverend Adam Sedgwick*, Vol. 2, p. 218.

73 Secord, *Controversy in Victorian Geology*, p. 231.

74 一八五二年十一月二十二日莫奇森致塞吉維克的信件，引用自Geikie, *Life of Sir*

35 想了解這些石灰岩層究竟多不規則和不規律，請參見Secord, *Controversy in Victorian Geology*, p. 154, on the Bala Limestone.

36 GSL: M/S11/209a & b.

37 同樣在一八四二年夏天，莫奇森也和凱澤林短暫前往威爾斯北部。他們從馬爾文向北前進，「盤桓在岩石和鄉間宅邸間，都是十年前莫奇森最喜歡停留的地方」，接著通過一八三四年他和塞吉維克協議的志留紀與寒武紀岩石之間的界線。但是莫奇森這次覺得無法「在兩片土地之間畫下滿意的界線」，再依據界線把下志留紀擴大到威爾斯西部海岸。次年，有用知識普及協會出版了他的第一份此地區的地質圖，圖中顯示擴展的志留紀。

38 *Quarterly Review*, March 1846, Vol. 77, pp. 348–80.

39 Secord, *Controversy in Victorian Geology*, p. 173.

40 這句評論出現在蘇格蘭的《北方英國評論》（The North British Review）上。這本雜誌的編輯政策相當自由派，出版者是蘇格蘭自由教會（Free Church of Scotland）。

41 Secord, 'King of Siluria', p. 425.

42 Geikie, *Life of Sir Roderick Murchison*, Vol. 2, p. 42.

43 一八四六年二月七日塞吉維克致莫奇森的信件，GSL: S/M 1846.

44 一八四一年十二月二十一日威廉・科尼貝爾致莫奇森的信件，GSL, Murchison mss.

45 參見Pierce, *Jurassic Mary*, p. 162.

46 同上, pp. 162–3.

47 同上, p. 157.這首詩出自安寧的「備忘札記」（Common Place Book）中。這本書是早期形式的簽名冊，由她邀請朋友寫下內容。

48 參見Sinclair and Fenn, 'Geology and the Border Squires', p. 151.

49 這個洞穴稱為黑洞（Dark Cavern），完工之後，德比伯爵（Lord Derby）立刻下令安裝煤氣燈照明，用來舉辦音樂會、舞會和演講。

50 *Illustrated London News*, 22 September 1849, p. 201.

51 Midland Union of Natural history Societies, December 1891, p. 268, 引用自Oldroyd, *Earth, Water, Ice and Fire*.

52 引用自Following in the footsteps of Murchison: *A field excursion for the History of Geology Group 18th–20th July 2014*.

53 Geikie, *Life of Sir Roderick Murchison*, Vol. 2, p. 4.

54 一八三四年六月吉迪翁・曼特爾致朋友班哲明・希利曼的信件，引用自Torrens,

12 Geikie, *Life of Sir Roderick Murchison*, Vol. 2, p. 348.

13 引用自Secord, *Controversy in Victorian Geology*, p. 123. 如果想參考另一個稍有不同的看法，請參見Michael Collie and John Diemer, Murchison in Moray: *A Geologist on Home Ground,* Philadelphia, American Philosophical Society, 1995.

14 Secord, 'King of Siluria', p. 417.

15 Pierce, *Jurassic Mary*, pp. 132–79.

16 Geikie, *Life of Sir Roderick Murchison*, Vol. 1, p. 356.

17 引用自Secord, *Controversy in Victorian Geology*, p. 123.

18 Clark and Hughes, *The Life and Letters of the Reverend Adam Sedgwick*, Vol. 2, p. 494.

19 同上, p. 496.

20 一八四四年一月六日致凱特・麥爾坎，同上, pp. 65–6.

21 同上, p. 9.

22 凱特・麥爾坎是約翰・麥爾坎爵士（Sir John Malcolm）的女兒。約翰是陸軍退役軍官及國會議員，經常在他位於柏克郡的家宅招待塞吉維克。據說塞吉維克當初和這位年輕女性成為好友的原因是曾經背過她，後來持續通信，直到塞吉維克去世為止。

23 一八四七年十月致凱特・麥爾坎的信件。Clark and Hughes, *The Life and Letters of the Reverend Adam Sedgwick*, Vol. 2, p. 129.

24 同上, Vol. 2, p. 34.

25 一八四三年一月致莫奇森的信件，同上, Vol. 2, p. 54.

26 Geikie, *Life of Sir Roderick Murchiso*n, Vol. 1, p. 365.

27 同上, Vol. 1, p. 363.

28 Secord, *Controversy in Victorian Geology*, p. 122.

29 同上, p. 127.

30 同上, pp. 127–9.

31 同上, p. 288.

32 同上, p. 248.

33 Clark and Hughes, *The Life and Letters of the Reverend Adam Sedgwick*, Vol. 2, p. 48.

34 這次行程僅有的資料紀錄在第三十七號筆記中，這本筆記的範圍是一八四二年九月十日到二十六日的兩個星期。與薩爾特共度的愉快時光的相關記述出自一八四三年他們兩人第二次的類似行程，紀錄在塞吉維克留下的未出版記述中。引用自Speakman, *Adam Sedgwick – Geologist and Dalesman*, p. 79.

64 Geikie, *Life of Sir Roderick Murchison*, Vol. 1, p. 354.

65 莫奇森和維爾諾伊的論文列出在喀山、比爾姆和奧倫堡發現的化石清單。許多化石被視為在特徵上介於石炭紀和三疊紀的生命形式。三年後，在莫奇森一八四五年出版的重要書籍《俄國地質》中，他提到在克里亞濟馬河旁的維亞茲尼基發現這些重要化石。「在懸崖中間淺紅色的斑駁泥灰，以及公路北邊的溝壑裡，我們發現大量類似Cytherinae的微小甲殼類動物，以及一種扁平的小型雙殼貝類，具有蜆類的共同外型」。參見Benton et al., 'Murchison's first sighting of the Permian',

66 十九世紀初期，德國博物學家和探險家亞歷山大·馮·洪堡曾經數次前往南美洲各地考察，成果十分豐碩。英國也於十九世紀中期有系統地調查喜馬拉雅山區。一八五〇年代，英國皇家地質調查所在考察中發現尼羅河的源頭。

67 參見如Archibald Geikie,「莫奇森的古代岩石工作對地質學而言，相當於他的朋友李文斯頓在非洲的工作」。Geikie, *Life of Sir Roderick Murchison*, Vol. 2, p. 346.

68 蓋奇引用自Secord, *Controversy in Victorian Geology*, p. 122.

69 同上, p. 120.

第七章｜志留紀與寒武紀的爭議

1 要進一步了解約翰·伍德沃德和他對地質學的興趣，請參見第一章。

2 一八三五年，塞吉維克擔任一位奴隸主的遺囑共同執行人，從這位奴隸主的收益中獲得將近兩千英鎊。他用這筆錢購買標本，擴充收藏。

3 Clark and Hughes, *The Life and Letters of the Reverend Adam Sedgwick*, Vol. 2, p. 349.

4 庫克萊爾樓的名稱源自這棟建築的總工程師Charles Cockerell。

5 Clark and Hughes, *The Life and Letters of the Reverend Adam Sedgwick*, Vol. 2, p. 350.

6 倫敦地質學會和英國海軍、郵局和其他幾個學會共用倫敦的Somerset House。

7 Secord, *Controversy in Victorian Geology*, p. 113.

8 塞吉維克說這篇論文是一八三八年的《概要》的「補充」，原本稱為《英國老紅砂岩下方分層岩石概要補充》（Supplement to a Synopsis of the English Series of Stratified Rocks inferior to the Old Red Sandstone）。

9 Secord, *Controversy in Victorian Geology*, p. 129.

10 同上, p. 131.

11 同上, p. 129.

基（Vyazniki）段，以克里亞濟馬河（River Klyazma）畔的小鎮維亞茲尼基命名。在這裡，色彩繽紛的石膏、貝殼石灰岩、砂岩和泥灰岩層都清晰可見。莫奇森後來以高倍放大鏡觀察岩石樣本，發現「大量類似凱薩琳(Cytherinae)的微小甲殼類動物，以及一種扁平的小型雙殼貝類，具有蜆類的共同外型」。參見Michael J. Benton et al., 'Murchison's first sighting of the Permian, at vyazniki in 1841', *Proceedings of the Geologists' Association*, Vol. 121, issue 3, 2010, pp. 313–18.

39 Collie and Diemer, *Murchison's Wanderings in Russia*, pp. 190–91.

40 Geikie, *Life of Sir Roderick Murchison,* Vol. 1, p. 327.

41 Collie and Diemer, *Murchison's Wanderings in Russia*, p. 251.

42 同上, p. 204.

43 同上, p. 210.

44 同上, p. 213.

45 同上, p. 247.

46 同上, pp. 224–5.

47 同上, p. 229.

48 Geikie, *Life of Sir Roderick Murchison*, Vol. 1, p. 329.

49 Collie and Diemer, *Murchison's Wanderings in Russia*, p. 249.

50 Geikie, *Life of Sir Roderick Murchison*, Vol. 1, pp. 330–31.

51 莫奇森稱此河的名字為 Uralsk。

52 Geikie, *Life of Sir Roderick Murchison*, Vol. 1, p. 341.

53 同上, p. 341.參考 British association for the advancement of Science.

54 Collie and Diemer, *Murchison's Wanderings in Russia*, p. 347.

55 同上, pp. 347–8.

56 莫奇森稱這個鎮為Saratoft。

57 Collie and Diemer, *Murchison's Wanderings in Russia*, p. 347.

58 同上, p. 359.

59 同上, p. 385.

60 同上, p. 377.

61 同上, p. 391.

62 同上, p. 410.

63 同上, p. 412.

11 *Collie and Diemer, Murchison's Wanderings in Russia*, p. 50.

12 同上, p. 66.

13 同上, p. 47.

14 同上, p. 46.

15 Geikie, *Life of Sir Roderick Murchison*, Vol. 1, p. 296.

16 同上, Vol. 1, p. 300.

17 Collie and Diemer, *Murchison's Wanderings in Russia*, p. 70.

18 同上, p. 83.

19 後來歸為雙殼貝類，稱為燕蛤（Avicula）。

20 Collie and Diemer, *Murchison's Wanderings in Russia*, p. 93.

21 莫奇森的日記中記載這座城鎮是Vologda。

22 Collie and Diemer, *Murchison's Wanderings in Russia*, p. 83.

23 同上, p. 100.

24 同上, p. 108.

25 蘇聯時代改名為高爾基（Gorky），成為軍事生產及研究中心，也是蘇聯的封閉城市之一。

26 Collie and Diemer, *Murchison's Wanderings in Russia*, p. 83.

27 同上, pp. 114–15.

28 這些化石包括直角石等鸚鵡螺類、長身貝（Productida）等腕足動物以及海膽，例如莫奇森最後在阿爾漢格爾看到的正海膽（Echinus）。

29 Geikie, *Life of Sir Roderick Murchison*, Vol. 1, p. 302.

30 Collie and Diemer, *Murchison's Wanderings in Russia*, p. 126.

31 同上, p. 129.

32 沙皇尼古拉一世統治期間以鎮壓、經濟發展停滯不前、行政政策不良、官僚貪污和帝國擴張而經常戰爭著稱。

33 Collie and Diemer, *Murchison's Wanderings in Russia*, p. 126.

34 Geikie, *Life of Sir Roderick Murchison*, Vol. 1, p. 319.

35 同上, Vol. 1, p. 327.

36 Collie and Diemer, *Murchison's Wanderings in Russia*, p. 188.

37 Geikie, *Life of Sir Roderick Murchison*, Vol. 1, p. 327.

38 Collie and Diemer, *Murchison's Wanderings in Russia*, p. 188. 這裡是著名的維亞茲尼

50 這兩個例子都引用自Humphrey, 'Cambria versus Siluria'.

51 Henry De la Beche, *A Report on the Geology of the West Country of Cornwall, Devon and West Somerset*, London, Longman, orme, Brown, Green and Longmans, 1839.

52 Rudwick, *The Great Devonian Controversy*, p. 265.

53 一八三九年二月，莫奇森致塞吉維克。引用自同上, p. 269.

54 當然，現在我們知道地球早期歷史久遠得多，可追溯到前寒武紀。但十九世紀時還不知道這個時期。

55 Geikie, *Life of Sir Roderick Murchison*, Vol. 1, p. 269.

56 這些岩石還包含尾骨魚（Coccosteus）和兵魚（Pterichthys）兩種奇特的有甲魚類。

57 這些岩石中的化石紀錄大多是腕足動物和三葉蟲。

第六章｜在俄國巧遇二疊紀

1 Michael Collie and John Diemer, *Murchison's Wanderings in Russia, British Geological Survey,* 2004, p. 23.

2 P. S. Pallas, *Bemerkungen auf einer Reise in die Südlichen Statthalterschaften des Russischen Reichs*, Leipzig, 1799–1801; 另參見*Travels through the Southern Provinces of the Russian Empire*, St Petersburg, 1771–6

3 一八二九年五月到十一月間，洪堡（von Humboldt）花費六個多月時間，從俄國西部的涅瓦河谷（Neva Valley）到西伯利亞中部的葉尼塞河。參見如Geological Society of London, *Special Publications*, 2007, 287 (1), pp. 161–75.

4 莫奇森保存了這趟行程的詳細日誌，希望日後能當成大眾化的見聞錄出版，但裡面充滿令人不快的個人軼事和原始田野資料。英國地質調查所於二〇〇四年出版*Murchison's Wanderings in Russia*，編輯及註解者為Michael Collie和John Diemer。本章許多內取材自這本珍貴的資料，包含這些細節。

5 Geikie, *Life of Sir Roderick Murchison*, Vol. 1, p. 318.

6 同上, Vol. 1, p. 296.

7 同上, Vol. 1, p. 297.

8 Collie and Diemer, *Murchison's Wanderings in Russia*, p. 40.

9 同上, p. 50.

10 Geikie, *Life of Sir Roderick Murchison*, Vol. 1, p. 301.

28 Geikie, *Life of Sir Roderick Murchison*, Vol. 1, p. 251.

29 莫奇森的演講題目是「德文郡古代頁岩分類及威爾斯中部粉無煙煤礦床的真實位置」。

30 引用自Rudwick, *The Great Devonian Controversy*, p. 166.

31 一八三七年一月，當地地質學家Major William Harding在德文郡的Marwood附近，巴恩斯特普爾以北發現石炭紀粉無煙煤化石，包括蕨類和木賊等。塞吉維克和莫奇森都判定這個區域的岩石年代早得多，可能是上寒武紀。兩個月後，努力不懈的化石獵人和曼迪普的布利頓村教區牧師David Williams在周圍山中發現類似的蕨類和陸生植物化石，塞吉維克和莫奇森判定這個區域為志留紀。

32 這些化石包括三葉蟲、腕足動物（燈貝）和海百合。倫敦大學的約翰·菲利普檢視這些化石時，宣稱它們和我們熟悉的石炭紀物種「相似得十分詭異」。菲利普剛剛完成一篇關於約克郡石炭紀石灰岩的論文，可說是英國在這方面最傑出的權威。塞吉維克也認識奧斯汀，而且說他是「聰明、和善、獨立的工作人員」。

33 引用自Rudwick, *The Great Devonian Controversy*, pp. 195–6.

34 同上, p. 189.

35 Geikie, *Life of Sir Roderick Murchison*, Vol. 1, p. 253.

36 同上, Vol. 1, p. 254.

37 參見Stafford, *Scientist of Empire*, p. 19.

38 Geikie, *Life of Sir Roderick Murchison*, Vol. 2, p. 158.

39 屬於腕足動物的石燕。

40 Secord, *Controversy in Victorian Geology*, p. 120.

41 Rudwick, *The Great Devonian Controversy*, p. 262.

42 Lyell, *Principles of Geology*,，初版發行於一八三〇年，此後定期更新及再刷，最後一版在他去世後於一八七五年印行。

43 一八三八年二月，惠威爾在英國地質學會的演講。

44 給同為神職人員的朋友的信件，引用自Humphrey, 'Cambria versus Siluria'.

45 Clark and Hughes, *The Life and Letters of the Reverend Adam Sedgwick*, Vol. 1, p. 465.

46 給同為神職人員的朋友的信件，引用自Humphrey, 'Cambria versus Siluria'.

47 Clark and Hughes, *The Life and Letters of the Reverend Adam Sedgwick*, Vol. 1, p. 466.

48 Speakman, *Adam Sedgwick – Geologist and Dalesman*, p. 51.

49 引用自Torrens, 'Scientific ancestry and historiography', pp. 657–62.

10 莫奇森應該已經知道德文郡的粉無煙煤。德・拉・貝什一八三三年版的《地質學手冊》已經提到法國和德國有類似的無煙煤礦床。

11 一八三四年十二月格林諾致德・拉・貝什的信件，引用自John .C Thackray (ed.), *To See the Fellows Fight, Norwich, British Society for the history of Science*, 1999, p. 59.

12 Rudwick, *The Great Devonian Controversy*, p. 99.

13 Thackray, *To See the Fellows Fight,* p. 60.

14 同上, p. 108.

15 英國遺產大規模城市調查提出的報告，'an archaeological assessment of Newport' by clare Gathercole, 2002, 指出，邁恩赫德（Minehead）沒有「良好的住宿」。

16 莫奇森第二十二號筆記第二十三頁。引用自Rudwick, *The Great Devonian Controversy*, p. 151.

17 莫奇森於一八三六年在日誌中記下，他雖然發現生物殘骸，但無法斷定它們屬於志留紀。現在知道這些岩石含有的化石不只是海百合，還有烏蛤和貽貝等雙殼貝類、腕足動物和小型蛞蝓和蝸牛或腹足類。

18 莫奇森指出這些地點在小村莊皮爾頓附近，現在是巴恩斯特普爾郊區。他說這裡「很能代表蘭代羅薄砂岩」，形成「真實志留系的基底」。

19 Moir, *The Discovery of Britain*, p. 11.

20 Geikie, *Life of Sir Roderick Murchison*, Vol. 1, p. 251.

21 引用自Rudwick, *The Great Devonian Controversy*, pp. 154–5.

22 這些化石包括圓紅珊瑚、海百合、腕足動物、烏賊和外形類似章魚的頭族類，以及一種殼內有分格的特殊菊石，稱為海神石（clymenia）。南佩特溫的採石場現在大多已經回填，難以考察。

23 當地一位熱心的化石蒐集家理查・赫納（Richard Hennah）曾經挖到石燕化石，這種化石在年代較晚的石炭紀石灰岩中相當常見。

24 一八三六年七月二十日，塞吉維克致朋友的信件，引用自Clark and Hughes, *The Life and Letters of the Reverend Adam Sedgwick*, Vol. 1, p. 459.

25 這個配方出現在塞吉維克一八三一年第二十一號田野筆記。

26 一八三六年十月十二日致威廉・惠威爾的信件，引用自*Clark and Hughes, The Life and Letters of the Reverend Adam Sedgwick,* Vol. 1, p. 463.

27 這個採石場應該是今天的下登斯頓採石場。他們造訪的日期不大確定。塞吉維克的筆記中沒有紀錄，莫奇森後來也提到他的德文郡之旅的筆記已經遺失。

27 這篇論文的題目是〈論志留系與寒武系，說明英格蘭與威爾斯年代較早的沉積地層的順序〉（On the Silurian and cambrian systems, exhibiting the order in which the older Sedimentary Strata succeed each other in england and Wales）。塞吉維克曾經考慮把它命名為「史諾登系」，但他告訴莫奇森，他認為這個名稱是「薩克遜遊客野蠻的現代字眼」。

28 Rudwick, *The Great Devonian Controversy*, p. 101.

29 引用自Secord, *Controversy in Victorian Geology*.

30 Clark and Hughes, *The Life and Letters of the Reverend Adam Sedgwick*, Vol. 1, p. 445.

31 愛德華・福布斯是英國地質學會的活躍成員。引用自Secord, *Controversy in Victorian Geology*, p. 198.

32 Geikie, *Life of Sir Roderick Murchison*, Vol. 1, p. 218.

第五章｜泥盆紀爭議

1 據說德・拉・貝什繼承的亞買加糖業遺產價值年收入三千英鎊（超過現在的三十萬英鎊）他的父親Thomas Beech於一七九〇年改姓，顯然是為了提高家族的社會地位。

2 Keith Shaw, 'Sir Henry Thomas De La Beche in Lyme Regis', Lyme Regis Museum. 另參見Paul J. Mccarthy, 'Henry De la Beche: Observations on an Observer', Friends of the National Museum of Wales, Cardiff, 1977.

3 Pierce, *Jurassic Mary*.

4 二〇一一年，萊姆瑞吉斯博物館首次出版《萊姆亞德》的手稿，作者據說是當地的律師John Doble Burridge。這首詩的版權擁有者是萊姆瑞吉斯博物館。

5 一八三三年的廢除奴隸法案禁止在大英帝國畜奴。

6 貝什的《地質學手冊》出版於一八三一年，很快就在英國發行三版，接著發行法國、德國和美國版。

7 De la Beche, *A Report on the Geology of Cornwall, Devon and West Somerset*, HMSO, 1839, p. 515.

8 約翰・林德利和約翰・克勞迪斯・勞敦（John Claudius Loudon）共同撰寫出版於一八二九年的《植物百科全書》。這個工作相當龐大，涵括將近一萬五千種開花植物和蕨類。

9 Rudwick, *The Great Devonian Controversy*, p. 99.

4 Speakman, *Adam Sedgwick – Geologist and Dalesman*, p. 71.

5 塞吉維克擔任倫敦地質學會會長時，大力推崇波蒙的平行論，並把它納入自己在劍橋的課程內容。參見Secord, *Controversy in Victorian Geology*, p. 65.

6 Geikie, *Life of Sir Roderick Murchison*, Vol. 1, p. 222.

7 同上, Vol. 1, p. 228.

8 Clark and Hughes, *The Life and Letters of the Reverend Adam Sedgwick*, Vol. 1, p. 433.

9 同上, Vol. 1, p. 439.

10 同上, Vol. 1, p. 440.

11 同上, Vol. 1, p. 234.

12 一八二七年十月二十八日，塞吉維克致莫奇森。引用自Clark and Hughes, *The Life and Letters of the Reverend Adam Sedgwick*, Vol. 1, p. 306.

13 James woodforde, *The Diary of a Country Parson 1758–1802*, Norwich, canterbury Press, 1999, p. 68.

14 Adrian Desmond and James Moore, *Darwin: The Life of a Tormented Evolutionist, London, Norton & company*, 1991, p. 54.感謝亞瑟・莫奇森讓我注意到這點。

15 Geikie, *Life of Sir Roderick Murchison*, Vol. 1, p. 223.

16 查爾斯・萊爾寫於一八三二年，引用自Clark and Hughes, *The Life and Letters of the Reverend Adam Sedgwick*, Vol. 1, p. 385.

17 如需進一步了解塞吉維克和女性的關係，參見同上, Vol. 1, pp. 453–4.

18 同上, Vol. 1, p. 513.

19 同上, Vol. 2, p. 25.

20 頁岩劈理形成的確實過程目前還不清楚，但有人推測可能是溫和的變質作用所造成。

21 Clark and Hughes, *The Life and Letters of the Reverend Adam Sedgwick*, Vol. 1, p. 386.

22 同上, Vol. 1, p. 387.

23 Humphrey, 'Cambria versus Siluria'.

24 引用自Morton, *King of Siluria*, p. 68. 《哲學雜誌》開始出版於一七九八年，當時所謂「哲學」代表「自然哲學」，涵括各種科學。

25 一八三四年十一月二十日，莫奇森致惠威爾。引用自Secord, *Controversy in Victorian Geology*, p. 100.

26 Martin J. S. rudwick, *The Great Devonian Controversy*, Chicago, Chicago University Press, 1985, p. 133.

30 Letter to Murchison, 23 July 1832, in Clark and Hughes, *The Life and Letters of the Reverend Adam Sedgwick*, Vol. 1, p. 393.

31 Letter to William Ainyer, student friend from St. Bees, 同上, Vol. 1, p. 395.

32 1832年7月3日給莫奇森的信, 同上, Vol. 1, p. 393.

33 同上, Vol. 1, p. 281.

34 同上, Vol. 1, p. 395.

35 參見Byng, *The Torrington Diaries*.

36 Clark and Hughes, *The Life and Letters of the Reverend Adam Sedgwick*, Vol. 1, p. 395.

37 Byng, *The Torrington Diaries*.

38 Walter Scott, *Red Gauntlet*, London, Macmillan & co., 1925.

39 Clark and Hughes, *The Life and Letters of the Reverend Adam Sedgwick*, Vol. 1, p. 316.

40 同上, Vol. 2, p. 498.

41 塞吉維克致朋友的信中經常冗長而詳細地講述他對抗痛風的過程，包括避免「刺激性飲料」，他有時會過量飲用這類飲料。此外還有去燃素療法，這種治療可緩解發炎。

42 *Letters and Extracts from the Addresses and Occasional Writings of J. Beete Jukes.*

43 Clark and Hughes, *The Life and Letters of the Reverend Adam Sedgwick*, Vol. 1, pp. 392–3.

44 同上, Vol. 1, p. 207.

45 Secord, *Controversy in Victorian Geology*, p. 80. Sedgwick to Murchison, GSL: M/S11/73.

46 Clark and Hughes, *The Life and Letters of the Reverend Adam Sedgwick*, Vol. 1, p. 409.

47 Geikie, *Life of Sir Roderick Murchison*, Vol. 1, p. 219.

48 依據他的田野紀錄，他觀察了從蘭代羅、藍多弗瑞、蘭德林多德威爾斯、羅林頓和霍普（蒙哥馬利以東）、朗諾爾（什魯斯伯里以南）到霍爾德里（奧斯沃斯特里以東）的三葉蟲薄砂岩，可能還到達格林賽洛格等地。參見莫奇森一八三三年的紀錄，GSL: M/N64–8.

第四章｜歷史新頁：寒武紀和志留紀

1 引用自Secord, *Controversy in Victorian Geology*, p. 90.

2 一八三四年七月，莫奇森致惠威爾。Clark and Hughes, *The Life and Letters of the Reverend Adam Sedgwick*, Vol. 1, p. 430.

3 Kilvert, *Kilvert's Diary*.

能力是「不需要刻意思考，騎馬跟隨獵犬時永遠走正確的路線」。D. W. E. Brock, *Introduction to Foxhunting*, London, Seeley, Service & co., Beaufort Library, 1954, Vol. III.

17 當時的地質學家認為它們完全相同，現在我們知道艾米斯翠石灰岩年代比拉德洛石灰岩略早一點。

18 Macfarlane, *Mountains of the Mind*, p. 43.

19 Arthur Truman, *Geology and Scenery in England and Wales*, London, Penguin, 1971, p. 18.

20 休・托倫斯指出，一八三〇年代初期，什羅普郡南部岩石相關研究較多，而且什羅普郡煤田工業化較早，也促進了地質活動。當時的地質學先驅包括英國地質學會創始成員的湯瑪斯・杜加爾（Thomas Du Gard）和一七九九年自己出版《什羅普郡礦產概況》（*A Sketch of the Mineralogy of Shropshire*）的羅伯特・湯森（Robert Townson）等。參見Torrens, 'Scientific ancestry and historiography', pp. 657–62。其他早期先驅還包括在英國國防部製作地圖的兄弟檔羅姆尼和羅布森・萊特。

21 想了解鼓勵出版這本小冊子的詳情，請參閱Clark and Hughes, *The Life and Letters of the Reverend Adam Sedgwick*, Vol. 1, pp. 324–5. 想了解這本自己出版的小冊子，請參閱Arthur Aikin, 'Proposals for a mineralogical survey of the county of Salop, and of some adjacent districts', 1810. 艾金的小冊子為莫奇森提供的背景資料極有價值，但他後來幾年內獲得的肯定相當少。《愛丁堡評論》對艾金和莫奇森的截面十分相似感到相當震驚，曾經評論道：「我們認為艾金先生的紀錄和莫奇森先生的描述相當雷同」。參見See Hugh Torrens, 'Geological Pioneers in the Marches', *Proceedings of the Shropshire Geological Society*, Vol. 13, 2008, pp. 65–76.

22 這幅地圖由羅姆尼與羅布森・萊特兄弟製作。感謝什羅普郡地質學會的Mike Rosenbaum提供這項資料。參見'On the Secondary Formations in the neighbourhood of Ludlow' by J. r. wright, *Proceedings of the Geological Society*, London, 1832.

23 Geikie, *Life of Sir Roderick Murchison*, Vol. 1, p. 206.

24 Kilvert, *Kilvert's Diary*, p. 50.

25 同上

26 Geikie, *Life of Sir Roderick Murchison*, Vol. 1, p. 217.

27 引用自Moir, *The Discovery of Britain*, p. 127.

28 一九二八年六月十一日的條目，Lyell (ed.), Life, *Letters and Journals of Sir Charles Lyell*, Vol. 1, p. 189.

29 莫奇森的日誌目前保存在倫敦的地質學會檔案中MN 63, p. 66

Brydges_rodney,_1st_Baron_rodney

2 Clark and Hughes, *The Life and Letters of the Reverend Adam Sedgwick*, Vol. 1, p. 392.

3 Byng, The Torrington Diaries.

4 Clark and Hughes, *The Life and Letters of the Reverend Adam Sedgwick*, Vol. 1, p. 392.

5 他稱之為Gaderferwyn，但我推測應該是我們所知的卡代爾柏文山。

6 感謝查爾斯．班達爾博士（Dr. Charles Bendall）提供以下資料。現在巴拉石灰岩這個名稱已經作廢，現在稱為吉力格林鈣灰層的石灰岩段。這種岩石屬於上奧陶系一卡拉多克統的伍爾斯頓階。這種石灰岩和火山灰、頁岩／板岩和粗砂岩夾雜出現。

7 其實現在我們知道，塞吉維克認為這兩個地層完全相同的想法不正確，這個錯誤未來將導致其他問題。

8 到一九六六年，這兩層石灰岩中總共發現八十八種三葉蟲和腕足動物。

9 塞吉維克於一八三二年七月二十一日寫信給莫奇森：「整個上升部分，差不多到這個山脈的西側底部，傾角大約是西偏北……（同時）……逐漸朝西北行進，沿山脈朝科文（Corwen）的延長線。在山脈的西側，有一道背斜線以北北西和西南西的走向通過這個地區，原因是有幾層我在柏文山頂發現的黑色貝殼石灰岩再度出現，傾角相反，因此是東南東。」Clark and Hughes, *The Life and Letters of the Reverend Adam Sedgwick*, Vol. 1, p. 392.

10 參見Clark and Hughes關於巴拉石灰岩的描述。同上, Vol. 2, p. 515.

11 *Letters and Extracts from the Addresses and Occasional Writings* of J. Beete Jukes, M.A., edited by his sister, c. a. Browne, London, chapman and hall, 1871.

12 同上

13 Andrew Ramsay, *Memoirs of the Geological Survey*, London, Longmans, 1866, p. 87. 倫敦大學學院圖書館收藏的這本書是一八六六年由莫奇森本人贈與這所大學。

14 Colin Humphrey的私人書信。有趣的是，塞科德曾經寫道：「儘管巴拉石灰岩確實出現在地質圖上（以及我自己目前為止的記述中），但我們無法觀察到具有明確單一方向的連續岩層。它比較類似威爾斯大多數內陸地層，看到的只有一組臨時採石場和分散的露頭，地質學家依據不成文規則蒐集這些地點，並劃分在單一名稱之下。要完整了解某個地層，必須先由熟悉這些露頭的人把它帶到地面。」Secord, *Controversy in Victorian Geology*, p. 154.

15 想進一步了解塞吉維克的田野工作，請參閱Oldroyd, *Earth, Water, Ice and Fire.*

16 《獵狐入門》（*Introduction to Foxhunting*）這本小冊子說明「擅於觀察鄉間」的

44 同上, Vol. 1, pp. 184, 189.

45 同上, Vol. 1, p. 183.

46 同上, Vol. 1, p. 184.

47 我們知道莫奇森請來幾位當地石匠和採石工人當嚮導，尤其是在托威河谷的蘭代羅附近和畢爾斯威爾斯附近的火山丘陵。

48 Geikie, *Life of Sir Roderick Murchison*, Vol. 1, p. 192.

49 同上, Vol. 1, p. 181.

50 Samuel Woodward，引用自Speakman, *Adam Sedgwick – Geologist and Dalesman*, p. 70.

51 一八五四年七月十六日路易斯致莫奇森的信，引用自Sinclair and Fenn, 'Geology and the Border Squires', pp. 143–72.

52 莫奇森原本的計畫是走訪東盎格利亞，萊爾計畫到那裡深入研究那個地區的第三紀泥漿和黏土。

53 Secord, *Controversy in Victorian Geology*, p. 55.

54 這個地方又稱為卡文山姆渡口（Cavansham Ferry）。

55 托倫斯曾經紀錄，塞吉維克後來強烈認為莫奇森沒有具體計畫於一八三一年研究雜砂岩，說明莫奇森已經寫信給他，說明他的主要計畫是「觀察火成岩在玩些什麼把戲」。Torrens, 'Scientific ancestry and historiography', pp. 657–62. 塞科德在*Controversy in Victorian Geology*, p. 56也提到：「一八三一年這趟行程對他的研究生涯和科學史都非常重要，難怪莫奇森把它視為刻意尋找的結果。」

56 感謝塞科德提供資料，這項資料出現在他未出版的「A Romance of the Field」。

57 個人書信。

58 參見Fuller and Torrens, 'Murchison in the welsh Marches'; and Duncan Hawley, 'The first true Silurian: an evaluation of the site of Murchison's discovery of the Silurian', *Proceedings of the Geologists' Association,* Vol. 108, pp. 131–40.

59 Geikie, Life of Sir Roderick Murchison, Vol. 1, p. 138.

60 Lyell to Scope, 9 November 1830, in Lyell (ed.), *Life, Letters and Journals of Sir Charles Lyell*, Vol. 1, pp. 309–11 at p. 310. 引用自Secord, Controversy in Victorian Geology, p. 46.

61 參見如Humphrey, 'Cambria versus Siluria'.

第三章｜跋山涉水威爾斯

1 喬治・布里吉斯・羅德尼上將，參考網址：https://en.wikipedia.org/wiki/George_

他曾經見過威靈頓公爵三次，多年後提到這些場合時仍然非常高興。因此這個男孩可說在軍人環繞下長大和受教育，這些人都是優秀的軍人和紳士，但都屬於上個世紀。其他許多軍人也多少都成為莫奇森的角色典範。愛丁堡大學圖書館收藏的一則莫奇森訃聞也支持這個看法：『他始終擁有軍人本色』。」個人書信。

30 參見Secord, *Controversy in Victorian Geology*, p. 61.

31 Secord, 'King of Siluria', p. 421.

32 Daniel Defoe, 'From Chester to Holyhead', published as an appendix to Daniel Defoe's *From London to Land's End*, 1722.

33 哈爾普頓莊園現在除了門房和車道，幾乎沒有任何遺跡。法蘭克蘭德・路易斯後來成為倫敦地質學會成員。J. B. Sinclair and R. W. D. Fenn, 'Geology and the Border Squires', *Proceedings of the Radnor Society*, Vol. 69, 1999, pp. 143–72.

34 愛德華，伊文斯（Edward Evans）是莫奇森在田野工作期間聘請的幾位當地專家之一。

35 Sinclair and Fenn, 'Geology and the Border Squires', p. 154.

36 這些火山丘陵是現在所謂畢爾斯內露層（Builth Inlier）的一部分，在這個地區，年代較早的岩石周圍是年代較近的岩石。後來幾年，莫奇森將會仔細研究這個地區，紀錄下大約三十到四十種不同的海洋生物物種，最出名的是三葉蟲。

37 Brenda Colloms, *Victorian Country Parsons*, Lincoln, Ne, University of Nebraska Press, 1977, p. 116.

38 一八五四年路易斯擔任伍德霍普博物學家田野俱樂部會長的就職演說，引用自John Fuller and Hugh Torrens, 'Murchison in the Welsh Marches: A History of Geology Group field excursion led by John Fuller, May 8th–10th, 1998', Shropshire Geological Society.

39 後面我們將會了解，實際狀況更加複雜。但在十九世紀初期，獨特的「化石痕跡」的概念非常重要。

40 Daniel Defoe, 'From Chester to Holyhead'.

41 伊恩・文斯（Ian Vince）寫道，「拉德洛的紳士科學家於一八三三年成立世界上第一個自然史學會，它有一個分支機構是拉德洛博物館，比倫敦的自然史博物館早五十年開館。」Vince, *The Lie of the Land*, p. 211.

42 現在我們知道並非如此，但在當時來說已算相當正確。

43 *Caledonian Mercury*, 6 October 1831. 另參見Geikie, *Life of Sir Roderick Murchison*, Vol. 1, p. 189.

層掩蓋的月球一樣迷濛，投射在地面上的光變成鐵鏽一般的顏色（Gilbert White, *The Natural History of Selborne*, London, Bell & Daldy, 1870, p. 33）。美國政治家班傑明．富蘭克林（Benjamin Franklin）當時在巴黎擔任外交官，也紀錄到類似的沙塵雲遮掩太陽：「持續不散的霧氣籠罩整個歐洲和北美洲大部分地區。這片霧氣有固定性；很乾燥，太陽的光……透過霧氣之後變得很弱，即使用放大鏡聚集起來，也很難點燃牛皮紙。」（Benjamin Franklin, 'Meteorological imaginations and conjectures', *Memoirs of the Literary and Philosophical Society of Manchester*, 1st series, Vol. 2, pp. 359–60）

21 Robert Macfarlane, *Mountains of the Mind*, London, Granta Books, 2004, p. 53.

22 赫頓的模型是比較全面的地球起源理論，但有幾位歐洲思想家提出類似的想法，尤其是博學的法國博物學家及宇宙學家Georges-Louis Leclerc Comte de Buffon，他於十八世紀晚期獲得相當接近的結論。

23 另一個說法稱為災變論（catastrophism），帶有聖經意涵，認為地球的樣貌是單一災難事件的結果，通常是大洪水。在教會勢力仍然相當強大的時代，這個說法很具吸引力。

24 他們特別造訪法國的奧弗涅（Auvergne）和中央山地（Massif Central）的火山丘陵。在這個地區，火山改變和塑造地景的力量非常顯著。

25 詹姆斯．塞科德教授在關於莫奇森一八三一年威河河谷之旅的未發表記述中指出，莫奇森前往威爾斯可能還有第三個理由。他寫道，莫奇森的岳母健康不佳，他們夫妻可能想留在英格蘭，以便就近照顧，因此沒有像平常一樣前往歐洲大陸。James A. Secord, 'A Romance of the Field: Roderick Murchison's Geological Discovery of 1831'，未出版。

26 Kilvert, *Kilvert's Diary*, p. 62.

27 Geikie, *Life of Sir Roderick Murchison*, Vol. 1, p. 182.

28 同上, Vol. 1, p. 183.

29 亞瑟．莫奇森（Arthur Murchison）可能是莫奇森的遠親，曾經寫到這一點：「我在我的書《科學前的戰爭》（*War Before Science*）裡試圖提出一點，就是莫奇森從早年到二十多歲的角色典範是十八世紀出生和長大的軍人，尤其是他的叔叔亞歷山大．麥肯齊爵士將軍（General Sir Alexander Mackenzie）和他的家族、團和旅中的許多軍人。除了叔叔麥肯齊將軍，他最敬佩的人包括英國皇家軍事學院的創辦人和校長約翰．馬爾錢特將軍（General John Marchant）、他的團長波恩上校（Colonel R. Burne）、亞瑟．韋爾斯里爵士將軍（General Sir Arthur Wellesley）（後來成為威靈頓公爵）等。

一八七一年去世，享壽七十九歲」。

9 James A. Secord, 'King of Siluria: Roderick Murchison and the Imperial Theme in nineteenth century British Geology', *Victorian Studies*, Vol. 25. 另參見Anthony Brook, 'Aspects of Murchison', West Sussex Geological Society, Occasional Papers No. 2, December 2001.

10 參見John Stafford, *Scientist of Empire: Sir Roderick Murchison, scientific exploration and Victorian imperialism* , Cambridge, Cambridge University Press, 1989中關於莫奇森這段時期的財務狀況。

11 John J. Morton, *King of Siluria: How Roderick Murchison changed the face of geology*, Horsham, Brocken Spectre Publishing, 2004, p. 33.

12 英國皇家學院位於倫敦，是專門從事科學教育與研究的機構。

13 參見Speakman, *Adam Sedgwick – Geologist and Dalesman*, p. 67.

14 James A. Secord, *Controversy in Victorian Geology: The Cambrian–Silurian Dispute*, Princeton, NJ, Princeton University Press, 1986, p. 45.

15 參見如Brook, 'Aspects of Murchison'; Stafford, *Scientist of Empire*, Ch. 8; and Rudwick, *The New Science of Geology*, Ch. XI, p. 255.其他曾經當過軍人的人包括地圖製作者喬治・格林諾、英國地質調查所創辦人亨利・德・拉・貝什、退休少將約瑟夫・波特洛克、古生物學家威廉・朗斯代爾，以及探險家亨利・詹姆斯爵士。另參見Secord, *Controversy in Victorian Geology*, p. 61.

16 De la Beche, *Geological Manual*, p. 600.

17 Secord, *Controversy in Victorian Geology*, p. 44.

18 這位蘇格蘭人是愛丁堡物理學家詹姆斯・大衛・佛布斯，引用自Secord, 'King of Siluria', p. 41.

19 地質學發展初期，許多「當地」和「業餘」地質學家沒有財力出版和宣傳他們的發現，所以不出名也沒有作品。參見如Hugh Torrens, 'Scientific ancestry and historiography of the Silurian System', *Journal of the Geological Society*, Vol. 147, 1990.

20 一七八三年六月，冰島南部的拉基火山（Laki）噴發，熔岩和火山灰在大氣中停留八個月之久，濃密的沙塵和煙霧掩蓋整個歐洲，導致當年後半夏天和冬天氣候改變。牧師及博物學家吉爾伯特・懷特（Gilbert White）在英國漢普郡的小村莊目睹了這次事件。他紀錄，當年夏天「令人驚詫又不祥，發生各種恐怖現象，除了駭人的隕石和大雷雨震撼這個王國內各處，還有詭異的霧霾籠罩數個星期……正午的太陽看來和雲

& Kegan Paul, 1964, p. 135.

48 萊諾格山是英國最完整的寒武紀岩石露頭。參見如Ian Vince, *The Lie of the Land*, London, Pan Books, 2010, ch. 14.

49 K. M. Lyell (ed.), Life, *Letters and Journals of Sir Charles Lyell*, Bart, London, John Murray, 1881, Vol. 1, p. 367.

50 引用自Frances Kilvert, *Kilvert's Diary 1870–1879: Selections from the Diary of The Rev. Francis Kilvert*, edited by william Plomer, London, vintage classics, 2013, p. 125.

51 Clark and Hughes, *The Life and Letters of the Reverend Adam Sedgwick*, Vol. 1, p. 377.

52 位於卡納芬（Caernarfon）附近的蘭利夫尼（Llanllyfni）。Letters, Sedgwick to Murchison, 13 September 1831, GSL.

53 Patricia Pierce, *Jurassic Mary: Mary Anning and the Primeval Monsters*, Stroud, The history Press, 2006, p. 41.

54 Geikie, *Life of Sir Roderick Murchison*, Vol. 1, p. 191.

55 塞吉維克於一八三一年告訴同事，他可以大致畫出威爾斯北部「板岩和粗沙」逐漸變成年代較晚的史諾登岩石的基線。現在我們知道這條基線過度簡化。我們不知道他當時用哪種地形圖測繪這個地區。參見David Oldroyd, Earth, Water, Ice and Fire.

56 Letter to Murchison, 20 October 1831, in Clark and Hughes, *The Life and Letters of the Reverend Adam Sedgwick*, Vol. 1, p. 382.

第二章｜雄心勃勃的莫奇森先生

1 Geikie, *Life of Sir Roderick Murchison*, Vol. 1, p. 180.

2 巴克蘭鑑定的時間和萊姆瑞吉斯的化石蒐集家瑪麗．安寧大致相同，但在由男性主導的英國地質學界，巴克蘭獨佔了所有名聲。參見Pierce, *Jurassic Mary*, p. 104.

3 Geikie, *Life of Sir Roderick Murchison*, Vol. 1, pp. 125–6.

4 軍事學院的先驅，位於桑德赫斯特（Sandhurst）。

5 五十萬的數字出自Clark and Hughes, *The Life and Letters of the Reverend Adam Sedgwick*, Vol. 2, p. 238.

6 同上, Vol. 1, p. 137.

7 Geikie, *Life of Sir Roderick Murchison*, Vol. 2, p. 323.

8 現在，位於巴納德堡的市集小鎮提斯代爾的莫奇森住宅上有一塊牌子，上面刻著「羅德里克．莫奇森爵士前住所，傑出地質學家及探險家，曾任皇家地質學會兩任會長，見Oldroyd, *Earth, Water, Ice and Fire*.

25 Nicholas Crane, *The Making of the British Landscape*, London, Weidenfeld & Nicolson, 2016, p. 431.

26 Clark and Hughes, *The Life and Letters of the Reverend Adam Sedgwick*, Vol. 1, p. 380.

27 同上, Vol. 1, p. 378.

28 一八三〇年代，英國只有兩位專職地質學家：劍橋的塞吉維克和牛津大學的威廉・巴克蘭。倫敦國王學院於一八三一年設立另一個兼職地質學學術職位。

29 引用自Martin J. S. Rudwick, *The New Science of Geology. Studies in the Earth Sciences in the Age of ReVolution. A collection of articles and essays*, Aldershot, Ashgate, 2004, Ch. XI, p. 244.

30 塞吉維克俱樂部 http://sedgwickclub.soc.srcf.net/adamsedgwick.php

31 同上

32 Clark and Hughes, *The Life and Letters of the Reverend Adam Sedgwick*, Vol. 1, pp. 160–1.

33 同上, Vol. 1, p. 182.

34 教授職位出缺是因為前任教授約翰・赫爾史東牧師提出「給自己一個妻子」。

35 Clark and Hughes, *The Life and Letters of the Reverend Adam Sedgwick*, Vol. 1, pp. 153–4.

36 依據一位評論者的說法，不像當時的大學教授「必須指導一批學者進行教學和研究，十九世紀初的劍橋大學教授完全是自己執行教學工作，和大學的考試大綱沒有關係。」Colin Speakman, *Adam Sedgwick – Geologist and Dalesman*, Broad Oak Press, 1982, p. 54.

37 同上, p. 54.

38 Geikie, Life of Sir Roderick Murchison, Vol. 1, p. 138.

39 Clark and Hughes, *The Life and Letters of the Reverend Adam Sedgwick*, Vol. 2, p. 489.

40 同上, Vol. 2, p. 486.

41 同上, Vol. 1, pp. 308–9.

42 同上, Vol. 2, p. 486.

43 同上, Vol. 2, p. 486.

44 Geikie, *Life of Sir Roderick Murchison*, Vol. 1, pp. 205–6.

45 同上, Vol. 2, p. 350.

46 參見Roberts, 'Charles Darwin's geological fieldwork in Wales'.

47 Esther Moir, *The Discovery of Britain: The English Tourists 1540–1840*, London, Routledge

10 引用自William Fitton and Roderick Murchison, 'The Silurian System', Edinburgh Review, April 1841. 另外參見Archibald Geikie, *Founders of Geology*, London, Macmillan and co., 1897.

11 William Conybeare and William Phillips, *Outlines of the Geology of England and Wales, London*, william Phillips, 1822.

12 Henry De la Beche, *Geological Manual, London, Charles Knight*, first published in 1831.

13 Charles Lyell, *Principles of Geology*, 3 Vols, London, John Murray, 1831–3.

14 現在我們知道，早期地質學家只探究到地球歷史的皮毛。現代定年技術指出，「第一紀岩石」這個類別涵括大約四十億年的地球早期歷史。第三紀、第二紀和過渡岩則代表最近五億年。但第一紀岩石在極為長久的時間中不斷壓擠變形，其中的細小化石被壓碎和難以分辨，早期地質學家難以理解。雜砂岩被視為在地球史上的年代非常古老，如果好好了解它，不僅能得知岩石的歷史，還可知到地球上的生物何時甚至如何誕生。

15 參見David R. Oldroyd, *Earth, Water, Ice and Fire: Two hundred years of geological research in the Lake District*, London, Geological Society Memoir, No. 25, 2002.

16 劍橋的塞吉維克博物館收藏了不少塞吉維克用的鎚子，從把手很長、頭部沉重，必須用兩手才能控制的大鎚，到把手很短、頭部像撥片一樣，較小較輕的單手鎚。此外，博物館兩個側廳之間，有一座塞吉維克的銅像站在交會處，一隻手上拿著他常用的地質鎚。

17 如想進一步了解達爾文在威爾斯的事蹟，請參見Michael Roberts, 'Charles Darwin's geological fieldwork in Wales', *Endeavour*, Vol. 25 (1), 2001。此外請參見Clark and Hughes, *Life and Letters of the Reverend Adam Sedgwick*, Vol. 1, p. 381.

18 Geikie, *Life of Sir Roderick Murchison*, Vol. 1, p. 178.

19 Clark and Hughes, *The Life and Letters of the Reverend Adam Sedgwick*, Vol. 1, p. 378. Letters, Sedgwick to Murchison, 13 September 1831, Geological Society of London [GSL]: M/S11/51 8.

20 現在我們知道這個間隔大約是四千萬年的地球歷史。

21 Geikie, *Life of Sir Roderick Murchison*, Vol. 1, p. 178.

22 Letters, Sedgwick to Murchison, 13 September 1831, GSL: M/S11/51.

23 同上。

24 關於他們的移動方式還有些不確定，但我們知道塞吉維克比較喜歡盡可能騎馬。請參

註 釋

前言

1 William Fitton and Roderick Murchison, 'The Silurian System', *Edinburgh Review*, April 1841.

2 參見如十七世紀愛爾蘭大主教暨阿馬大主教James Ussher依據聖經計算的結果。出處：J. A. Carr, *The Life and Times of James Ussher: Archbishop of Armagh*, London, wells, Gardner, Darton & co., 1895.

3 Jacquetta Hawkes, *A Land*, Boston, Beacon Press, 1951, p. 51.

第一章｜古怪的塞吉維克教授

1 Hon. John Byng, *The Torrington Diaries 1781–1794*, 4 Vols, edited by C. Bruyn Andrews, New york, Barnes & Noble, and London, Methuen, 1970.

2 參見ukfossils.co.uk/2012/07/12/wrens-nest/

3 資料來源：伯明罕大學拉普沃斯博物館。

4 John Willis Clark and Thomas Mckenny Hughes, *The Life and Letters of the Reverend Adam Sedgwick*, 2 Vols, Cambridge, Cambridge University Press, 1890, Vol. 1, p. 378.

5 達爾文曾在劍橋大學受教於塞吉維克的朋友及同事，博物學家暨哲學家威廉·惠威爾。惠威爾鼓勵塞吉維克協助年輕學生。達爾文對地質學的興趣可能受通才學者祖父伊拉斯摩斯·達爾文（Erasmus Darwin）的影響。他的祖父曾經考察過艾恩布里奇（Ironbridge）的岩石，並發現岩石中有焦油。

6 Colin Humphrey, 'Cambria versus Siluria: a Dispute over the emerging Geology of Wales', Mid Wales Geology club. 韓福瑞寫道：「達爾文的姊姊蘇珊對有魅力又迷人的塞吉維克大感興趣。達爾文的傳記作者寫到，她的弟弟還跟她開玩笑，說未來的塞吉維克夫人在這裡。」

7 這個「第三紀」概念不可和現在的第三紀混為一談。現在的第三紀包含固結的岩石。

8 Roderick Murchison, *Siluria*, London, John Murray, 1854, p. 6.

9 Archibald Geikie, *Life of Sir Roderick Murchison*, London, John Murray, 1875, Vol. 1, p. 180.

Geological Manual	地質指南手冊	貝什
Guide to Geology	地質學指南	約翰·菲利普
Moffat Series	莫法特系	拉普沃斯、威爾森
On the Seperation of the so-called CaradocSandstone	論所謂卡拉多砂岩的分離現象	塞吉維克、麥考伊
Outlines of the Geology of England and Wales	英格蘭與威爾斯地質概要	科尼貝爾、約翰·菲利普
Principle of Geology	地質學原理	萊爾
Siluria	志留紀	莫奇森
The Geology and Scenery of the North of Scotland	蘇格蘭北部的地質與風景	尼可爾
The Geology of Russia in Europe and the Ural Mountains	歐洲俄羅斯與烏拉爾山脈地質	莫奇森、維爾諾伊
The Silurian System	志留系	莫奇森

Dob's Linn	多布斯林
Dudley	杜德里鎮
Durness	杜內斯
Exmoor	埃克斯穆爾高沼
Galashiels	加拉希爾斯
Gelli-grin	吉力格林
Hope Dale	霍普山谷
Llandovery	藍多弗瑞
May Hill	梅伊山
Meifod	梅佛德
Moine	穆瓦內
Perm	彼爾姆
Siluria	志留亞
Snowdonia	史諾登尼亞
Ullapool	阿勒普
Wenlock Edge	溫洛克斷崖

重要著作名

英文	中文	作者
A Report on the Geology of the West Country of Cornwall, Devon and West Somerset	康瓦爾、德文與西薩默塞特等西部鄉間地質報告	貝什
A Synopsis of the English Series of Stratified Rocks Inferior to the Old Red Sandstone	老紅砂岩下方之英格蘭系層狀岩石概要	塞吉維克
Controversy in Victorian Geology: The Cambrian-Silurian Dispute	維多利亞時代的地質學爭議: 寒武-志留紀之爭	塞科德
Elements of Geology	地質學概要	萊爾

Robert Austin	羅伯特・奧斯汀
Robert Macfarlane	羅伯特・麥克法蘭
Roderick Murchison	羅德里克・莫奇森
Sir Thomas Frankland Lewis	湯瑪斯・法蘭克蘭德・路易斯爵士
Thomas Lewis	湯瑪斯・路易斯
William Aveline	威廉・艾弗林
William Buckland	威廉・巴克蘭
William Conybeare	威廉・科尼貝爾
William Fitton	威廉・費頓
William Smith	威廉・史密斯
William Watts	威廉・瓦特
William Whewell	威廉・惠威爾

重要地名

英文	中文
Anglesey	安格爾西島
Ape Dale	艾普山谷
Archangel	阿爾漢格爾
Assynt	阿辛特
Aymestry Escapement	艾米斯翠懸崖
Bala Lake	巴拉湖
Berwyn	柏文山地
Bideford	拜德福德
Brecon Beacons	布雷肯比肯斯
Caer Caradoc	卡爾卡拉多克山
Church Stretton	徹奇斯特雷頓
Corve Dale	科夫河谷
Dent Fault	丹特斷層

Bruce Heezen	布魯斯・希森
Charles Darwin	查爾斯・達爾文
Charles Lapworth	查爾斯・拉普沃斯
Charles Lyell	查爾斯・萊爾
Charles Peach	查爾斯・皮齊
Christian Leopold von Buch	克里斯蒂安・利奧波德・馮・布赫
David Oldroyd	大衛・奧德羅伊德
Duncan Hawley	鄧肯・霍利
Édouard de Verneuil	愛德華・德・維爾諾伊
Edward Forbes	愛德華・福布斯
Frederick Mccoy	弗雷德瑞克・麥考伊
George Greenough	喬治・格林諾
Henry Darwin Rogers	亨利・達爾文・羅傑斯
Henry De La Beche	亨利・德・拉・貝什
Humphry Davy	漢福瑞・戴維
James Hutton	詹姆斯・赫頓
James Nicol	詹姆斯・尼可爾
James Secord	詹姆斯・塞科德
James Wilson	詹姆斯・威爾森
Jean-Baptiste Élie de Beaumont	尚巴蒂斯特・艾利・德・波蒙
John Bowman	約翰・包曼
John Lindley	約翰・林德利
John Phillips	約翰・菲利普
John Salter	約翰・薩爾特
Joseph Beete Jukes	約瑟夫・畢特・朱克斯
Martin Rudwick	馬丁・拉德維克
Mary Anning	瑪麗・安寧
Maurice Ewing	莫瑞斯・尤恩

古生物化石

英文	中文
Asaphus buchii	布西櫛蟲
Brachiopod	腕足動物
Calymene blumenbachii	布氏隱頭蟲
Echinosphaerites	棘海林檎
Fucoid	墨角藻
Graptolite	筆石
Holoptychius	全摺魚
Lucina	滿月蛤
Nucula	銀錦蛤
Orthis fabellulum	法貝盧倫正形貝
Pentamerus	五房貝
Pentamerus knightii	騎士五房貝
Salterella maccullochi	薩氏小殼・馬庫洛奇種
Spirifer	石燕貝
Spirifer devoniensis	泥盆紀石燕貝
Trinucleus caractaci	卡拉多克三葉蟲
Turritella	錐螺

重要人名

英文	中文
Adam Sedgwick	亞當・塞吉維克
Alexander von Keyserling	亞歷山大・馮・凱澤林
Andrew Ramsay	安德魯・拉姆齊
Archibald Geikie	阿奇伯爾德・蓋奇
Arthur Aikin	亞瑟・艾金
Arthur Truman	亞瑟・杜魯門

Llandeilo Flags	蘭代羅薄砂岩
Ludlow Limestone	拉德洛石灰岩
Metamorphic rock	變質岩
Millstone Grit	磨石粗砂岩
Moine schist	穆瓦內片岩
Mylonite	糜嶺岩
New Red Sandstone	新紅砂岩
Old Red Sandstone	老紅砂岩
Oolitic limestone	鮞狀石灰岩
Pentamerus Limestone	五房貝石灰岩
Porphyrite	斑岩
Porphyry	玢岩
Quartzite	石英岩
Red System	紅岩系
Salterella	薩氏小殼化石
Schist	片岩
Shale	頁岩
Shelly Sandstone	貝殼砂岩
Slate	板岩
slatey cleavage	板狀劈理
Snowdonia Slate	史諾登尼亞板岩
Torridon Sandstone	托里敦砂岩
Transition rock	過渡岩
Wenlock Limestone	溫洛克石灰岩

turbidity current	濁流
type section	標準剖面
unconfirmity	不整合面
uniformitarian	均變論

岩石與地層

英文	中文
Aymestry Limestone	艾米斯翠石灰岩
Bala Limestone	巴拉石灰岩
Basalt	玄武岩
Berwyn Blue Slate	柏文藍板岩
Bideford Culm	拜德福德粉無煙煤
Birkhill Shale	伯克希爾頁岩
Caradoc Sandstone	卡拉多克砂岩
Chalk	白堊
Christalline Rock	結晶岩
Coprolite	糞石
Cotswolds Limestone	科茲沃斯石灰岩
Culm	粉無煙煤
Durness Limestione	杜內斯石灰岩
Glenkiln Shale	格蘭基恩頁岩
Gneiss	片麻岩
Granite	花崗岩
Greywacke	雜砂岩
Gritty Sandtone	粗砂岩
Hartfell Shale	哈特菲爾頁岩
Killar	基拉岩
Lewisian Red Gneiss	路易斯紅片麻岩

專有名詞譯名對照表

地質年代

	紀	距今大約
古生代 Paleozoic	二疊紀 Permian	2.51億～2.98億年前
	石炭紀 Carboniferous	2.98億～3.58億年前
	泥盆紀 Devonian	3.58億～4.19億年前
	志留紀 Silurian	4.19億～4.4億年前
	奧陶紀 Ordovician	4.4億～4.8億年前
	寒武紀 Cambrian	4.8億～5.4億年前

地質學術語

英文	中文
anticline	背斜
contact metamorphism	接觸變質作用
dip	傾角
fault line	斷層線
fossil fingerprint	化石指紋
gliding plane	滑動面
laminate	紋層
moorland	泥炭沼地
overthrust	逆衝斷層
slatey cleavage	板岩劈理
strike	走向
syncline	向斜
thrust	逆斷層

失落的三億年：史詩般的地質年代發現之旅

作　　者｜尼克・戴維森 (Nick Davidson)
譯　　者｜甘錫安
審　　定｜羅立

一卷文化
社長暨總編輯｜馮季眉
責任編輯｜高仲良
封面設計｜A+DESIGN
內頁設計｜菩薩蠻電腦科技有限公司
出　　版｜一卷文化／遠足文化事業股份有限公司
發　　行｜遠足文化事業股份有限公司（讀書共和國出版集團）
地　　址｜231新北市新店區民權路108-2號9樓
郵撥帳號｜19504465 遠足文化事業股份有限公司
電　　話｜(02)2218-1417
客服信箱｜service@bookrep.com.tw

法律顧問｜華洋法律事務所 蘇文生律師
印　　製｜中原造像股份有限公司

2025年1月 初版一刷
定價｜480元　　　　　書號｜2TNT0002
ISBN｜9786269914777（平裝）
ISBN｜9786269914760（EPUB）　9786269914753（PDF）

Greywacke: How a Priest, a Soldier and a School Teacher Uncovered 300 Million Years of History

Published by arrangement with CPI Group (UK) Ltd. through Andrew Nurnberg Associates International Ltd.

國家圖書館出版品預行編目 (CIP) 資料

失落的三億年：史詩般的地質年代發現之旅/尼克.戴維森（Nick Davidson）著；甘錫安譯. -- 初版. -- 新北市：遠足文化事業股份有限公司一卷文化，遠足文化事業股份有限公司, 2025.1
面； 公分
譯自：Greywacke : how a priest, a soldier and a school teacher uncovered 300 million years of history.
ISBN 978-626-99147-7-7（平裝）

1.CST：歷史地質學 2.CST：古生代 3.CST：寒武紀
4.CST：志留紀 5.CST：奧陶紀

352.4 113018706